阳台养花一本就够

刘海涛◎编著

海峡出版发行集团 THE STRAITS PUBLISHING & DISTRIBUTING GROUP | 福建科学技术出版社 FUJIAN SCIENCE & TECHNOLOGY PUBLISHING HOUSE

图书在版编目（CIP）数据

阳台养花一本就够 / 刘海涛编著. —福州：福建科学技术出版社，2021.1

ISBN 978-7-5335-6283-0

Ⅰ.①阳… Ⅱ.①刘… Ⅲ.①花卉－观赏园艺 Ⅳ.①S68

中国版本图书馆CIP数据核字（2020）第211067号

书　　名　阳台养花一本就够
编　　著　刘海涛
出版发行　海峡出版发行集团
　　　　　福建科学技术出版社
社　　址　福州市东水路76号（邮编350001）
网　　址　www.fjstp.com
经　　销　福建新华发行（集团）有限责任公司
印　　刷　福建彩色印刷有限公司
开　　本　700毫米×1000毫米　1/16
印　　张　10
图　　文　160码
版　　次　2021年1月第1版
印　　次　2021年1月第1次印刷
书　　号　ISBN 978-7-5335-6283-0
定　　价　30.00元
书中如有印装质量问题，可直接向本社调换

前言 PREFACE

爱美之心，人皆有之。随着人们生活水平和审美要求的不断提高，业余时间的日益增多，越来越多的人在阳台上养花。花卉不仅是自然美的代表，而且具有吸收二氧化碳、释放氧气、净化空气、杀菌等功能，因此在阳台上种植花卉，还能够改善家居空气质量，从而增进人们的身体健康。特别是当自己精心培育的植物开放出美丽花朵、结出累累果实的时候，人们往往会有满足感和愉悦感，这有助于增进人们的心理健康。当今在世界上已经出现了一个新的专业词语——园艺治疗：以植物或与植物有关的园艺活动为媒介，将人们置身于一种有趣的、有意义的、放松的工作环境中，从而维持和促进人们的生理、心理行为健康发展。

阳台是个栽花的好地方，但是对于大部分人来说，由于缺乏花卉基础知识，不知道如何在阳台上把花种好，或者对购买回来的盆花不知道怎样进行养护管理。花卉毕竟是有生命的东西，而且花卉的种类繁多，不同的花卉有着各自的生长特性及对环境条件的要求，因此，在阳台种花也是一门学问。那么，对于没有经过专业知识培训的普通爱好者而言，有什么方法能快速简便地掌握阳台养花的技艺呢？阅读科学、通俗、实用的相关图书就是一

条捷径。

作者从事花卉工作已有30余年，其间接触过许多养花爱好者，他们向作者问过各种各样的问题，有些朋友要求作者向他们推荐好用的阳台养花图书。说实在的，国内有关阳台养花的图书并不多，而且大多实用性不强。因此，作者很早就有为花卉爱好者编写一本实用阳台养花图书的想法。恰在此时，福建科学技术出版社编辑向作者约稿，于是作者也就乘此机会完成自己宿愿。

与其他有关阳台养花的图书相比，本书具有科学性、通俗性、实用性较强的特点。但限于本人的水平和实战经验，书中难免存在不足之处，希望读者们提出意见或建议，以便将来此书再版时修改补充。

养花是一项实践性很强的工作，要想让自己成为在行的“护花使者”，必须动手操作。只有这样，才能在收获到养花快乐的同时，也获得养花经验。

作者

目录 CONTENTS

阳台养花ABC

阳台易养花卉栽培经验

阳台稍难养花卉栽培经验

阳台难养花卉栽培经验

阳台养花ABC

不同阳台花卉的选择

不同的阳台，其环境条件不同，尤其是光照条件不同，必须选择对光照条件要求不同的植物。如果选择错了，无论将来采取怎么样的栽培管理措施，花卉的生长状况也不会如你所愿。

○阳台是个栽花的好地方○

不同花卉对光照的要求

根据对光强的要求不同，大概可以把花卉分为三大类。

1. 阳性花卉

这类花卉在栽培时，必须放在阳光能够充分照射到的地方。如果光照经常不足，植株生长发育就会不良，出现枝条纤细、节间伸长、叶片淡薄且无光泽、不能开花或开花不良、花小而不艳、香味不浓等现象，光照严重不足则导致植株死亡。

大部分观花和观果植物，以及少数观叶植物（如变叶木、彩叶草等），都属于阳性花卉。

○矮牵牛在光照不足(左)与充足（右）下的花色○

○阳光越强，彩叶草叶色越漂亮○

2. 耐阴花卉

这类花卉既可在全日照（整天都能够晒到太阳）条件下良好地生长，又具有比较强的耐阴能力，即也可像阴性花卉一样在相对受光量较小的地方良好地生长，这样的花卉称为耐阴花卉。目前被栽培观赏的耐阴花卉也有不少，如马拉巴栗、垂叶榕、橡胶榕、幌伞枫、山海带、苏铁、多肉植物等。

○袖珍椰子在强阳光下叶色变黄、叶面粗糙○

3. 阴性花卉

这类花卉原来多生长于热带雨林中，通常阳光不能直接照射到，所以形成了对光要求较弱的特性。如果将阴性花卉置于有强烈阳光处栽培，叶绿体容易被强光杀死，叶片会出现焦斑、焦边、变黄发白，叶面粗糙，甚至全叶枯焦脱落，严重者植株死亡。

阴性花卉大部分属于观叶植物，还有少数属于观花植物，如兰花、观赏凤梨、红掌等。

○绿萝在阳光下被灼伤○

南面阳台花卉选择

我国位于北半球，所以南面阳台阳光最充足。所谓充足的阳光指的是一天至少有6小时的太阳光直接照射到。因此，南面阳台可以种植的花卉主要是阳性花卉以及耐阴花卉，常见的有石榴、月季、菊花、石竹、四季橘、紫罗兰、一串红、太阳花、长春花、簕杜鹃、观赏辣椒、观赏小番茄、马樱丹、细叶萼距花、千日红、变叶木、鸡冠花、橡胶

○四季橘、一串红、朱顶红等阳性植物适宜在南面阳台种植摆放○

榕、山海带、苏铁、彩叶草、银叶菊、旱金莲、大丽花、荷花、睡莲、仙人掌类与多肉植物等。

东面阳台花卉选择

东面阳台只有上午约4小时的阳光，而阳光的强度不是太强，因此适宜种植的花卉主要是耐阴花卉以及部分需要相对较强光线的阴性花卉，如非洲凤仙花、几内亚凤仙花、四季海棠、蝴蝶兰、兰花、观赏凤梨、马蹄莲、红掌、蟹爪兰、大岩桐、非洲紫罗兰、长寿花、虎尾兰、君子兰、杜鹃花、山茶、倒挂金钟、橡胶榕、山海带、苏铁等。

○东面阳台适宜种植红雀珊瑚、天门冬、文心兰、四季海棠、蟹爪兰、花叶芋、鸟尾花等植物○

西面阳台花卉选择

○在西面阳台上，仙人掌类植物是比较适宜种植的植物○

西面阳台只有下午可以照射到阳光，但是在夏季西晒阳光特别强烈，同时带来很高的温度，所以一般只适合于种植那些能够耐强光、高温和干旱的花卉，主要是仙人掌类与多肉植物，此外还有太阳花、簕杜鹃、长春花、变叶木、千日红、荷花、睡莲等。

专家有话说 仙人掌类及多肉植物也适于摆放在其他朝向阳台

许多仙人掌类与多肉植物由于适应性强，特别耐高温，相对其他植物而言比较适应在西面阳台种植。当然，这并不是说西面阳台最适宜它们生长，它们也同样适宜种植在其他朝向阳台，其中最适宜种植的是南面阳台。其实，我国大部分地区夏天昼夜温差小，在南方夏季还存在高湿的问题，这对仙人掌类与多肉植物是不利的。此外，如果缺乏充足的阳光，植株生长会显得柔弱，茎还可能变形，刺毛稀疏，开花很少或者完全不开花。

北面阳台花卉选择

北面阳台通常没有阳光直接照射，只有明亮的散射光，所以一般只适宜种植阴性花卉和耐阴花卉。阴性花卉的品种则相当丰富，最为常见的有吊兰、凤梨类、竹芋类、万年青类、蔓绿绒类、合果芋、蕨类、绿萝、文竹、天门冬、吊竹梅、鸭跖草、龟背竹、常春藤、朱蕉类、龙血树类、棕榈科植物等。但是由于北面阳台在冬季特别容易受北风吹袭及低温危害，所以要特别注意对盆花进行保护，如可以把它们移到室内进行越冬。

○北面阳台适宜种植吊兰、果子蔓凤梨、孔雀竹芋、山海带等阴性或耐阴植物○

不同楼层阳台花卉选择

不同楼层的阳台，实际上有一些环境条件不同，例如，如果在楼房的东面、南面或西面，靠近楼房边栽有高大的树木，那么因为树冠的遮挡会导致二、三层相同朝向的阳台也接受不到太阳光的直接照射，也只能选择阴性花卉和耐阴花卉来种植。再如，通常楼层越高，风也就越大，阳台上的花卉也就越容易干燥，这就意味着浇水和喷水次数就要增多。又如，有的阳台上专门建造了花槽，花槽里因为空间较大、容纳的土多，所以浇水与施肥的次数比盆栽的要少。

○树木遮挡的低层阳台不宜种植阳性花卉○

专家有话说 不要忽视了越冬低温

各种花卉越冬所需的温度不同。因此，除了光照之外，冬天的低温程度也是影响花卉选择的一个主要因素。

目前有不少阳台被玻璃封闭起来，与房间连为一体，其冬季的温度就与裸露的阳台不同。特别是在北方冬季室内有暖气，所以不耐寒的盆花也完全可以在阳台上进行种植，甚至比南方许多地方还容易过冬。但是，不是每种花卉在冬季都需要较高的温度，像许多二年生草花、落叶灌木等，在冬季还需要维持一定的低温（不是很低）。因此，对于这些花卉，在我国有很多地方，因在冬季难以为之保持适宜的越冬温度，就不要选择它们。

阳台盆花基质的选配

花卉对土壤的要求

土壤是花卉生长的根基，对花卉生长有着重要的影响。一般花卉都要求土壤富含有机质、排水透气、保水保肥、适当的pH。

1. 土壤的质地

土壤是由矿物质和有机质所组成，其中矿物质占了大部分。矿物质是由岩石经过风化分解形成的颗粒。矿物质颗粒大小差别很大，一般将土粒（从大到小）分为沙粒、粉沙粒和黏粒这三级。其中沙粒排水透气性好，而黏粒能够保水保肥能力强。

根据质地不同，可把土壤分为三大类：沙土、壤土和黏土。沙土含沙粒比较多，排水通气性良好；保水保肥性差，但是通过增加浇水、施肥次数一样能使花卉生长良好。黏土则含沙粒比较少，黏性强，结构不好的黏土排水透气性差，但是保水和保肥能力强。而壤土则含沙粒比例适中，利于排水和通气；又有一定的黏性，满足保水保肥要求。所以壤土是种植花卉最适宜的土壤。

2. 土壤的结构

有机质含量不多的黏土，土壤结构不良，排水透气性差，严重影响盆花的生长，所以应当进行改良。一般改良的方法，就是向土壤里掺入富含有机质的材料，如泥炭、椰糠、有机肥、锯末等。由于有机质本身也具有良好的吸水性和保肥能力，所以在沙土中加入有机质也有很好的改善土壤的作用。

3. 土壤的酸碱性

各个地方土壤的pH不同，一般南方土壤偏酸，北方土壤趋于碱性。北方栽培南方的喜酸花卉，因为土壤偏碱，植株容易出现缺铁症，叶片就出现黄化。此时需要进行补铁，即用硫酸亚铁（黑矾）加水配制成0.2%的浓度，浇在盆土里或喷在叶子上，也可先将硫酸亚铁配制成矾肥水后再使用。

混合基质配方的选用

用于栽培盆花的材料称为基质。像塘泥就是一种相当好的基质，可直接用来种盆花，特别是大的盆花。除了塘泥等个别材料直接作为基质外，为了使盆花能够生长良好，目前多使用两种以上的材料混合起来作为基质，这种混合基质又称为人工培养土、培养土、混合土或配合土。

○塘泥直接用来种盆花效果很好○

混合基质又可以分为两大类，一类为含有天然土壤的，因为土壤本身含有一定量的营养元素，所以称为含土（混合）基质或有土（混合）基质；另一类为不含土壤的，组成的材料有泥炭、椰糠、珍珠岩、蛭石、河沙、树皮等，这些材料不含或者含有很少营养元素，所以称为无土（混合）基质。

无论是怎样的基质配方，都要注意把pH调节适当，一般花卉调节到6.0~6.5为最佳；否则pH过高或过低，都会影响花卉生长。南方土壤通常偏酸，以泥炭为主的无土基质也常为酸性，通常通过施用石灰物质来提高pH。常用的石灰物质是生石灰和石灰石粉。石灰石粉在建材商店可以买到，它是用于粉饰墙壁的材料。北方土壤通常偏碱，可加入硫黄粉来降低pH。

1. 含土基质配方

由于可用于配制基质的材料有很多，所以含土基质的配方也相当多。把一般土壤、腐叶土或泥炭、河沙按照体积比7：3：2的比例混合起来，是一种很好的养一般花卉的基质配方。对于不同的花卉，如果能够使用下表所示的配方，效果也十分理想。

不同盆花适宜的肥土混合基质配方(体积比)

花卉类别	田土	园土	腐叶土	河沙	其他
一般草花		5	3	2	
	3		2		
球根花卉	5		3	2	
	5	3	2		
木本花卉	5	2	3		
	3		2		
观叶植物		2	2	1	
仙人掌类			2	7	炭化稻壳1

在阳台种花如果只能弄到土壤，无论是什么土壤，只要尽量多混入一些泥炭（最多时可加入一半的量），效果比直接使用土壤要好得多。

专家有话说 捣碎蛋壳可放盆土里

把捣碎的蛋壳放到盆土里，这对花卉的生长是有益的。因为蛋壳含有碱性的碳酸钙，对偏酸的盆土能够起到降低酸度的作用；此外，捣碎的蛋壳对改善盆土的排水透气性也有作用。

2. 无土基质配方

与含土基质相比，无土基质由于具有材料质量均一、干净、重量轻、处理方便、施肥容易调节等优点，当今在盆花生产上已经广泛使用。目前市场出售的各种培养土，基本上也都是使用无土材料配制而成的。可用于配制无土基质的材料也有不少，如泥炭、椰糠等。

泥炭又称为草炭、泥炭土，优点很多，是目前花卉育苗和盆栽中的主要基质材料。不同地区出产的泥炭，性质有很大的差异，多为酸性。其中，水藓泥炭的品质是最好的，进口泥炭就是这种类型，因为经过调配，可直接用于栽种盆花。椰糠又称椰纤，是椰子外壳纤维粉末。河沙是供建筑用的沙子，也常作为扦插基质。珍珠岩是一种极轻的白色核状体。蛭石是一种轻而小、多孔性的金色云母状物质。

○泥炭○

○椰糠○

目前无土基质有一些通用的配方，例如：泥炭、细沙混合基质（按2：1体积比），泥炭、椰糠、细沙混合基质（按1：1：1体积比），泥炭、珍珠岩混合基质（按1：1体积比）等。

3. 附生花卉的基质配方

附生花卉的根原来不生长在土中，而是暴露于空气中，所以盆栽时所用的基质必须十分排水透气，通常都是用很粗的材料来作为基质。目前生产者按照当地材料的易得性、价格、自己的经验等，各有各的配方，甚至直接使用单一的材料。常见的材料有树皮、椰子壳、木炭、陶粒、石粒等。陶粒是由黏土煅烧而成的大小均匀的粒状颗粒，也常被作为盆的垫底材料。石粒为建筑用的石子，大小以直径1~2厘米为好。

○珍珠岩○

○陶粒○

阳台盆花的上盆

选择合适的花盆

上盆前要根据花卉的种类、植株的大小及根系的多少等来选择大小适当的花盆。如果盆太小，则根系伸展很快受到限制，因此很快就要再换盆；如果盆太大，则水分不易调节。

○常用花盆○

适合阳台常用的花盆主要有瓦盆（素烧盆、素烧瓦盆、泥盆）、釉盆、瓷盆和塑料盆。瓦盆的盆壁上布满无数微细孔，通气性和排水性好，栽花效果佳，但外观不漂亮。釉盆和瓷盆美观，塑料盆薄而轻巧，但通气性都较差。每种花盆底部都有一个至数个孔，称为排水孔，这是为了让浇水时多余的水从中流出，防止盆内积水。塑料盆和瓷盆常配有一个垫盆，用于存集浇水时从盆底流出的多余的水，以防止其流到地面上及滴到下层楼房的阳台上。

上盆操作方法

上盆时，先在盆底垫一块防虫网，然后填一层陶粒或石砾之类的粗材料（以利于排水），再填入一层基质（如要施基肥，要把肥埋在土中，不要让根直接接触），用左手拿苗放于盆中央，填培养土于苗根的周围，再用手适当压实。要注意上盆后的基质只需要装八至九成满，也就是基质的最终高度只需到花盆高度的八至九成。如果基质只装至约八成满，以后浇水时把剩下的两成空间浇满水，这些水就差不多刚好能够使全部基质湿润。

① 盆底垫一块防虫网

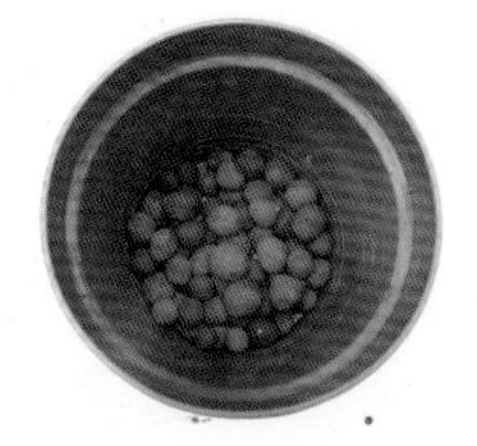

② 盆底垫上一层陶粒

③ 装入一些基质

④ 把繁殖成活的苗挖起

⑤把苗放入盆中间，根系舒展开

⑥ 再填入基质

⑦ 把基质稍稍压紧

⑧ 填至基质高度约占盆高的八成即可

〇彩叶草上盆操作方法〇

单棵繁殖盆苗上大盆时，也可用左手托住把整个盆株倒出，尽量保持基质和根系完好，然后放入大盆中，再填入新的培养土。

① 茑萝单棵播种盆苗

② 用左手托住，把整个盆株倒出

③ 尽量保持基质和根系完好

④ 放入大盆后填入基质

⑤ 浇透水

〇茑萝单棵播种盆苗上盆操作方法〇

缓苗期管理

上盆后随即进行浇水，这次浇的水称为定根水。定根水特别要注意浇透，以让根与基质充分密触。定根水淋足后，在新根未生出前，不可灌水过多，否则会因通气不良而影响根系恢复生长，甚至造成根部腐烂。

因为起苗时根系特别是根毛容易受到损伤，上盆后会影响幼苗对水分的吸收，有可能造成植株停止生长或萎蔫，等新根毛发生后才恢复生长，这段时间称为缓苗期。如果缓苗期阳光过强、风大、空气干燥，幼苗会因蒸腾失水过多而受害甚至可能干死。因此，起苗时要尽量带土不伤根，上盆后则要把盆放在阴处进行缓苗，其间多向叶面喷水或喷雾，若干天后再进行正常管理。

阳台盆花的浇水

花卉对水分的要求

1. 不同花卉对土壤水分的要求

根据花卉对土壤水分（土壤湿度）的要求不同，可以把花卉大体分为以下4种类型。

（1）耐旱花卉（旱生花卉）

耐旱花卉原产于相当干旱的地区，如沙漠地区。一般叶子或茎部肉质肥大，能贮存大量的水分，具有很强的耐旱能力，如仙人掌类与肉质植物。这类花卉忌土壤水多、排水不良或经常潮湿，否则很容易受害，引起烂根、烂茎甚至死亡。水分管理，应注意掌握土壤“宁干勿湿”的原则，在冬季室温低时要更加注意。

专家有话说 仙人掌类与多肉植物在生长旺盛期也要多浇水

仙人掌类与多肉植物大多数都有很强的耐旱能力，浇水次数可以比其他花卉少，但能忍耐干旱并不等于要求干旱，在生长期特别是生长旺盛期要注意补充水分。浇水的基本原则是冬季控制浇水，春季逐步增加浇水次数；春末夏初时处于生长高峰期，浇水应最多；如果盛夏高温导致生长迟缓或完全停止，浇水也要控制；秋季也是生长高峰期，浇水也要多。在浇水时，一般情况下不要从顶部淋水。

（2）半耐旱花卉

半耐旱花卉主要是一些具有革质或蜡质状叶片，或大量茸毛叶片，或针状和片状枝叶或肉质根等的花卉，如茶花、国兰、君子兰、吊兰、文竹、金钱树等。这类花卉浇水时，一般可掌握“干透浇透”的原则，等到盆土完全干了再浇水。在冬季温度低时适当减少浇水次数。

（3）中生花卉

在所有的花卉中，大部分都属于这一类。它们对土壤水分的要求多于半耐旱花卉，但少于耐湿花卉，不能让土壤长期潮湿。这类花卉在生长期的浇水原则是掌握土壤湿度介于半耐旱花卉和耐湿花卉所要求的土壤湿度之间，保持土壤“间干间湿”。在冬季温度低时适当减少浇水次数。

（4）耐湿花卉（湿生花卉）

这类花卉原产于陆地上最潮湿的环境里，不单土壤潮湿，空气湿度也大。典型的湿生花卉叶面很大，光滑无毛，无蜡质层。这类花卉是抗旱力最弱的陆生花卉，需水多，有的稍缺水就可能枯死。

耐湿花卉主要见于原产热带雨林的种类，其中又以观叶植物为多。在栽培管理时，在生长期应该注意掌握土壤“宁湿勿干”的浇水原则，表土一干即进行浇水。热带花卉没有自然休眠期，但是在冬季温度低时可能被迫休眠，此时也要让土壤干些再浇水。

2. 不同花卉对空气湿度的要求

空气湿度的大小，常用空气相对湿度来表示。不同花卉所适宜的空气湿度范围有不同。

原产干旱及沙漠气候的花卉要求比较低。原产热带雨林中的花卉，形成了喜欢高空气湿度（相对湿度在60%以上）的特性，如果在生长期间空气过于干燥，容易出现叶面粗糙、叶尖及边缘枯焦等现象，甚至全叶萎缩枯焦而脱落，严重影响观赏价值。这类花卉在我国北方栽培应用时要特别注意，因为北方气候多干燥，在南方的秋季也存在空气湿度过低的问题。通常通过喷水、喷雾等方法来提高植株周围的空气湿度。

3. 旱害与涝害

花卉因缺水而受的危害称为旱害。如果一次缺水严重，植物通常就会出现萎蔫，即嫩枝叶下垂、叶片卷起或合拢。如果萎蔫出现后，浇水或降雨一次，茎叶就恢复挺立状态，这种萎蔫称为暂时萎蔫；但是缺水过于严重，部分枝条也可能枯死。在夏季炎热的中午，植株由于蒸腾作用过于强烈，也可能出现暂时萎蔫。如果萎蔫出现后，浇水或降雨仍不能让植株重新恢复挺立状态，这种萎蔫称为永久萎蔫，这往往就意味着植株干死了。

○千日红经常浇水不足，基部叶易枯萎脱落○

如果土壤排水不良而积水，或暴雨洪水，使植株的一部分被淹而导致植株受害，则称为涝害。因为水里缺乏氧气，所以涝害对根的影响更大，地上部会出现黄叶、花色变浅、花香减退、落叶、落花、落果等现象。涝害时间长时，根细胞会窒息死亡，根部腐烂，乃至全株死亡。

○缺水过于严重，盆花部分枝条枯死○

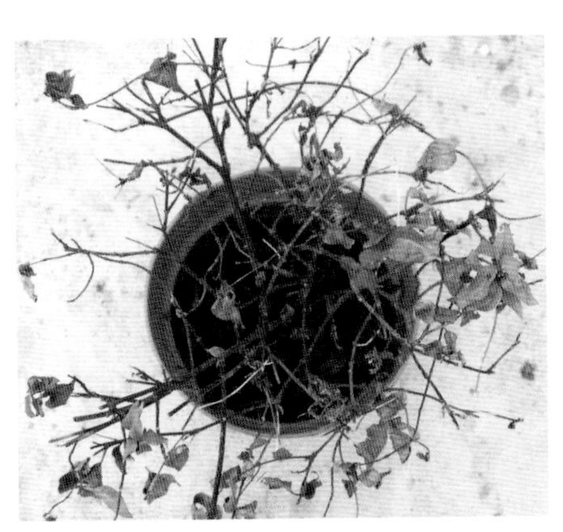

○盆花的涝害○

浇水时间与方法

盆花浇水的次数和时间，与花卉种类、生长发育时期、自然气候条件和季节、植株的大小、花盆的种类和大小、培养土类型等各种因素都有关系，有时每天都需要浇水。每次浇水时培养土一般都要浇透，一般盆底有水流出就说明浇透了。

有人对盆花浇水时，采取每次浇水只浇一点点，保持盆土表层湿润，而浇水次数频繁的方法。这是一个错误的方法，因为盆土下面经常无足够的水可让根系吸收，而表面长期湿润又导致空气进入盆土不足，大多数盆花都不能耐受这种情况。

专家有话说 废茶叶水可用来浇花

把废茶叶水用来浇花，这对花卉生长有益，因为茶叶水中还含有一些有利于盆花生长的营养元素和物质，有人甚至连同茶叶也一起倒入花盆中，这对使用有土基质栽培的盆花特别有益。培养土上留有一层废茶叶，可以减少水分的蒸发；而废茶叶也是一种有机质材料，把其均匀松入土中则可以改善盆土的结构，避免板结。但建议不要太经常使用。

1. 浇水时间的确定

（1）生长期

在生长期确定盆花是否需要浇水，首先应当了解这种盆花对土壤水分有什么具体要求，再根据培养土的干湿情况来具体确定。如对于耐旱的仙人掌类与多肉植物，如果无法掌握正确的浇水规律，就遵循培养土“宁干勿湿”的原则，即宁愿让培养土干些，即使让培养土完全干后过多天再浇水也无妨，而不要天天浇水，浇水过多很容易导致烂根；对于半耐旱花卉，掌握培养土“干透浇透”的原则，即等到培养土基本上或完全干了就浇水；

○多肉植物浇水过多导致烂叶○

对于中生花卉，则保持培养土“间干间湿”，等到培养土有部分干了才浇水，即浇水次数介于耐旱花卉与耐湿花卉之间，既不要等到培养土全部干了才进行浇水，也不要在培养土表面还没干时就进行浇水；对于耐湿花卉，则要求培养土“宁湿勿干”，培养土表面一干即进行浇水。

○仙人掌类浇水太多导致茎腐烂，整株死亡○

由于培养土的干湿情况受到季节、气候、培养土种类、花盆质地等的影响，所以盆花通常在夏季的浇水次数就要比春季和秋季多，而冬天最少；阳光灿烂的日子浇水次数比阴雨天的要多；用沙土的浇水次数比用壤土和黏土的要多；用瓦盆栽种的浇水次数比用其他花盆的要多等。

上面介绍了各类盆花的基本浇水原则。由于一般而言盆土水分过多的害处比水分干燥的害处大，而且较容易导致盆花死亡，因此，不论对于哪一种盆花，如果无法准确判断什么时候才需要浇水，那么请记住这点：宁愿浇水次数少点，也比多浇水安全。

专家有话说 不要等到花卉萎蔫才浇水

如果没有及时浇水，一般花卉就会出现嫩枝叶下垂、叶片卷起现象，即萎蔫。有些人等到植株出现萎蔫时才浇水，虽然具有薄叶片的盆花常常能够迅速复原，但是经常如此对植株正常生长和开花是有影响的，甚至引起叶片变黄和脱落。因为植株出现萎蔫之前的一段时间，根系不能够正常吸收到水肥，体内的各种正常生理活动已受到了影响。对于具有厚叶片的盆花，叶子缺水时出现的现象是萎缩，而再浇水时往往不能复原。还有像多肉植物和其他叶子坚挺的热带花卉，缺乏水分时茎即萎缩，出现这种现象时植株可能已经受到了严重的伤害。

（2）休眠期

对于有自然休眠期的花卉，在休眠期浇水次数都应当比生长期大大减少，甚至停止浇水。例如，落叶性的花卉在冬季落叶休眠时，就必须减少浇水次数。而有休眠期的球根花卉在球根休眠时（春植球根在冬季休眠，秋植球根

○盆花不要经常等到萎蔫时才进行浇水○

○多肉植物虽然耐旱，但也不要等到叶子出现皱缩时才浇水○

在夏季休眠），就不需要进行浇水，可把整个花盆放到防雨的阴处或角落处即可，第二年再换盆种植。

有自然休眠期的花卉，绝大部分是在冬季进行休眠。对于在冬季没有自然休眠期的花卉，也因为冬季温度低、植株生长缓慢甚至也被迫停止生长（被迫休眠），水分蒸腾蒸发少，培养土也干得慢。因此，冬天盆花的浇水次数，一般都要比其他季节明显减少。有一些不耐热的花卉如倒挂金钟、天竺葵、君子兰等，在夏季高温的地区栽培时，在夏季因高温而生长缓慢处于半休眠状态，此时的浇水次数也要大大减少。

至于在一天当中的浇水时间，一般以上午早些和下午迟些为宜。一般不要在傍晚进行浇水，因为晚上温度较低、湿度较大，如果浇水时植株上留有水滴，则因水滴存留时间长而容易引起地上部发生病害。

浇水时水温要与土温或室温接近。如果用冷水浇花，根系会受低温的刺激，从而引起吸收能力的下降；还会抑制根系生长，严重时伤根甚至引起烂根。另外，如果冷水溅落到叶片上，也可能产生难看的斑点。所以在冬季浇水时，宜在中午前后进行。如果自来水温度太低（特别是早晨），可先贮放1~2天再使用，贮存期间水会吸热而使水温上升到接近环境的温度，贮存的同时也使氯气得到了挥发。

2. 浇水的方法

阳台养花的数量一般不是很多，通常用杯子或专门的小洒水壶或具有长嘴的浇水壶，把水浇到盆土里。

浇水时也可从叶上浇水，这可以冲落叶上的灰尘，尤其对喜空气湿度高的种类有益，还可减少螨虫的发生，在夏季还有降温的效果。但是在强烈阳光下进行浇水，若水滴留在叶上会产生类似透镜的功能而烧伤叶片，所以叶上浇水对阳台上的盆花要特别注意。另外，有些花卉不宜从叶上给水，如矮牵牛、非洲凤仙花、一品红等的花，大岩桐、荷包花等的叶片淋水后往往会腐烂；仙客来块茎顶部的叶芽、非洲菊的花芽淋水后可能腐烂而枯萎等，所以这些花卉在下雨时应当移到防雨处。

〇矮牵牛的花淋雨水后会腐烂〇

〇一品红淋雨水后苞片腐烂〇

如果叶丛盖满了花盆，用杯或壶浇水都很麻烦，而从叶上浇时大部分的水会从叶片上流到盆外而使盆土无法完全浇透，此时就应当用浸盆的方法给水。浸盆时，用一个脸盆（其他容器也可，甚至直接把盆花搬到洗手盆上），盛一些水，水深在花盆高的1/3左右即可，然后把花盆放入水里，水通过毛细管作用就会使盆土全部湿润。要注意的是，当盆土完全湿润后就要把花盆移出，一定不能让花盆久浸水中。

〇盆花浸盆浇水〇

空气湿度管理

大多数室内植物至少需要40%的空气相对湿度，甚至仙人掌类也一样。原产热带雨林的许多种类则需要更高的湿度，在温度高时更是如此，一般需要60%以上的空气相对湿度。像常见的吊兰、散尾葵、富贵竹等叶片狭长的植物，空气湿度太低就很容易出现叶尖枯焦的现象。从植物外观来判断，其叶片越像纸那样薄的，就越有可能需要高的湿度；而对于叶片厚且呈革质的，则能够忍耐较干燥的空气。

○叶子长的植物在空气较干燥时叶尖容易干枯○

对于喜欢高空气湿度的盆花，在生长期遇到自然空气湿度低的季节，必须设法提高盆花周围的空气湿度。就总体来说，我国北方气候多干燥，南方多湿，所以北方比南方更要注意这问题。

要提高盆花周围的空气湿度，通常通过喷水或喷雾的方法，白天至少要喷一次，一天能够喷多次更好。

○用浅碟装水来增加盆花周围空气湿度○

专家有话说 提高空气湿度的小技巧

使用喷的方法来提高空气湿度毕竟麻烦，这里介绍一个更好的办法：用一个比花盆直径更大的浅碟或盘，装入一层石子、鹅卵石、沙子等或者一块厚木板作为垫层物，再倒入水，水面的高度不要超过垫层物高度，然后把花盆放在垫层物上。这样碟中的水因为不断地蒸发而使植物周围能保持比较高的空气湿度。当碟中的水快要蒸发干时，再予以补水。特别注意，不要直接把盆放在碟或盘上，否则容易导致烂根。

特殊情况的处理

有时因为一些特殊原因，培养土过干，植株失水过多而长时间处于蔫萎状态，叶子不断干枯脱落，在这种情况下救活植株的最好方法，就是把花盆浸在盛满水的水桶或水槽里，同时用水喷洒叶丛，一直浸到无气泡从培养土上升时再取出。

在浇水后如果水长时间停留在培养土表面（使用含土基质时这种情况尤其容易出现），这往往是培养土上层已经完全板结的缘故，此时需要进行松土，以防止出现涝害。如果下部土壤仍然很硬，这意味着培养土全部都已板结，此时应当用新的培养土予以换盆了。

阳台盆花的施肥

花卉对营养的要求

1. 植物的必需元素

所有的物质都是由元素组成的。植物生命活动过程中所必需的元素总共有17种：碳、氢、氧、氮、磷、钾、钙、镁、硫、铁、硼、锰、铜、锌、钼、氯和镍。如果缺了其中的任何一种元素，植物就不能成功地完成它的生命周期，所以它们被称为必需元素。

碳、氢和氧3种元素来自于空气和水，在植物体内一般不存在缺乏的问题。剩下的14种必需元素，也称为矿质元素，它们都是由根系从土壤中吸收获得的。施肥就是给植物生长提供营养元素的措施。按道理，我们对植物施的也应该有这14种营养元素肥料。但是实际上，我们通常对植物只施氮、磷和钾3种元素肥料。这是因为在用土壤进行栽培时，其他11种营养元素或者土壤本身已经含有足够的量，或者由于其他原因也能够满足植物的需求；而植物对氮、磷、钾的需要量都大，一般土壤中存在的量不足以满足植物生长发育的需要，所以，氮、磷和钾又称为肥料的三要素。

2. 三要素不足或过多时导致的问题

（1）氮

氮元素不足时，植株生长缓慢，发育不良。轻微时，老叶黄化，幼叶呈淡绿色；严重时，全株叶片黄化，老叶易干枯及脱落。植株吸收氮过多，则导致茎叶徒长（即茎生长特别快，但节间长而细弱，叶片薄嫩），组织柔软易倒伏，易受病虫害袭击，推迟开花及开花不良。

幼苗及观叶植物需较多的氮肥。

（2）磷

磷元素不足时，分枝或分蘖少，叶片变小，叶色暗绿，症状遍及全株，通常老叶较新叶严重，茎叶出现红色斑点或紫色斑点并出现坏疽。磷吸收过多出现的中毒症状为丛生矮小，叶片肥厚而密集，成熟延迟。

观花观果植物及球根花卉需要较多的磷肥。

（3）钾

钾元素不足时，老叶叶缘及尖端变黄而焦枯，或生成棕色斑点，或后期出现坏疽，并逐渐向内扩展；新叶可保持正常，但较软弱。抗病虫害及恶劣环境之能力亦较差。钾过多时，会出现枝条不充实，耐寒性下降，叶片变小，叶色变黄等现象。

一般中苗以上植株需要较多的钾肥。

肥料种类

盆花长得好不好，肥料十分关键。含有营养元素的物质称为肥料。阳台养花常用肥料通常有有机肥、化肥和缓释肥料三大类。

1. 有机肥

适合阳台养花用的有机肥料主要是饼肥。饼肥是油料植物种子榨油后的残渣，常用的是花生麸。使用时，把花生麸弄碎成

○花生麸○

小颗粒，在靠近花盆壁的盆土上（不要离植株太近）撒一些颗粒，然后用小竹签把它们埋到盆土里即可。

2. 化肥

化肥又称化学肥料、无机肥料，都是用化学工业合成或机械加工的方法而制得的，品种多，一般都为固体。在化肥中，目前应用最多的是复合肥。复合肥是指同时含有氮、磷、钾3种元素的化肥，一次施用就能够同时满足盆花对氮、磷、钾的需求。

○复合肥颗粒○

复合肥的有效成分是用氮（N）、磷（P_2O_5）、钾（K_2O）的相应重量百分含量来表示的，不同的复合肥三要素有不同的含量。如某种复合肥说明上标注为20：10：10，表示其中含有氮20%，磷10%，钾10%，即如果这种复合肥的重量为1000克（1公斤），那么其中含有的氮、磷、钾分别为200克、100克、100克，其余的600克则都是非营养成分。

氮、磷、钾比率是表示复合肥氮、磷、钾有效成分的比例。20：10：10的肥料表示含有2份的氮（N），1份的磷（P_2O_5），1份的钾（K_2O），它的比例是2：1：1。而20：5：10的肥料，它的比例则是4：1：2。本书中常常提出或建议使用某种比率的肥料，而不是使用某种含量或等级的肥料。例如，如果介绍使用的是2：1：1比例的肥料，我们就可以选择含量为 20：10：10、10：5：5、14：7：7、18：9：9中的任何一种，使用的效果是一样的，只不过用量不同而已。

3. 缓释肥料

缓释肥料又叫控效肥料、控释肥料、长效肥料，是对肥料养分释放速率进行调控，使之适应植物养分需求变化的一种新型肥料。缓释肥料可由多种方法制成，为固体颗粒。缓释肥料一次施用能满足花卉相当长的一段生长期不同的要求，而且施用方便，重施也不会伤害花卉，但是价格较高。

目前国内销售的花卉缓释肥料，也都是同时含有氮、磷、钾3种元素。肥效期短的也有3～4个月，也就是3～4个月施1次这种肥料就可以了。肥效期长的则可达8～9个月，甚至12～14个月。可以这么说，缓释肥料是在室内花卉最适宜使用的肥料。

施肥方法

1. 施肥基本技术

缓释肥料都是直接施在盆土里的，复合肥在家庭使用时也以直接施在盆土里最为方便。与使用花生麸一样，在靠近花盆壁的盆土上撒一些肥料，然后用小竹签把它们埋到盆土里。

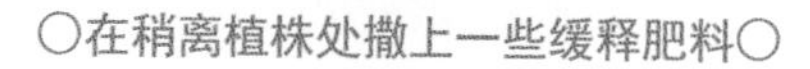

○在稍离植株处撒上一些缓释肥料○

○用小竹签把肥料埋到盆土里○

2. 施肥应注意的问题

不管什么肥料，只有用量、时期适当，对花卉才有益。盆花的施肥量与次数，依花卉种类、生长发育时期、季节环境、培养土类型、肥料种类等有很大差异，但归纳起来要注意下列3点。

（1）适时

适时就是按照盆花的需要进行施肥。通常春夏秋都是生长期，也是施肥的适期。冬季气温下降，肥效较长且植株生长缓慢甚至休眠，宜少施或不施；夏季生长缓慢或休眠的花卉也应如此。阳台上会淋到雨的阳性盆花，在梅雨季节、降雨时或高温烈日的中午也一般不施肥。

（2）适当

不同的营养元素对花卉的生长发育作用是不同的。而不同的花卉及同一种花卉在不同的生长发育时期，对营养元素的需要也不同，因此必须根据具体的需肥特点来施肥。例如，氮能够促进叶子的生长，所以含氮量比较高的肥料，如氮：磷：钾为2：1：1或（2~3）：1：2的复合肥，不但对叶子多的观叶类植物有益，也适合其他花卉在开花前的营养生长期使用，因为这时叶的长速达到了最高峰。

含磷量多的肥料利于开花结实，所以常用于花期正要开始和开花期间。钾对果实的发育有促进作用，所以含钾量多的肥料对花期刚刚结束的植株是有利的。另外钾能促使植株坚韧，抗逆性增强，所以越冬前多施钾肥有利于盆花越冬。因此，一般盆花在开花结果期以及为了促进茎、根健壮，最好使用氮：磷：钾为1：3：2的复合肥。为方便施肥起见，本书介绍的观花观果类盆花，大都建议一直使用氮：磷：钾为1：1：1的复合肥。

由此可知，市场上的复合肥之所以有不同的比例，也就是为了适合不同的花卉及不同的生长发育时期的需要。而目前有一些专门适合某类或某种花卉使用的所谓专用肥，如兰花肥、凤梨肥等，针对性强，使用效果更佳。

（3）适量

盆花的施肥量与次数，依花卉种类、生长发育时期、季节环境、培养土类型、肥料种类、施肥方法等有很大差异。无论是哪一种营养元素肥料，如果施用不足都会引起盆花生长发育不正常。但施用过量，对盆花也会有害，甚至导致死亡。

○簕杜鹃施肥不足的表现○

不同的花卉对肥料的需求量不同，生长势强或生长快速的植物，需要肥料较多；生长势弱的，需肥较少。需要比较多肥料量的盆花有天竺葵、菊花、一品红、绣球花、花毛茛、石竹、月季等；需要中等量肥料者有杜鹃花、牡丹、长寿花、三色堇、非洲菊、大岩桐、仙客来、君子兰、朱顶红、郁金

○四季橘施肥不足的表现○

○绿巨人施肥过多产生的危害○

香、虎尾兰等；需要少量肥料的有红掌、秋海棠、铁线蕨、报春花、兰花类、观赏凤梨、仙人掌类等。

专家有话说 初学者养花薄肥勤施最安全

刚刚开始养花者，对肥料每次的具体施用量以及间隔时间无法准确掌握，那么请记住“薄肥勤施”这4个字。这就是说，宁愿让每次的施用量少一些或者浓度低一些，而施的次数则多一些。这是最安全的。

阳台盆花的修剪

修剪是利用剪刀或人手等对植株局部或某一器官实施具体整理。常见的修剪方法有以下几种。

摘心

摘心又称打顶，就是把顶芽摘除（可用手指掐去或用剪刀剪掉），有时连同顶部几片嫩叶一起摘除。摘心能促使植株多发侧枝（因为顶芽摘除后下部至少有2个以上的腋芽能够萌发成枝），从而多开花。根据需要，摘心可进行一次至多次。

①用手对彩叶草进行摘心

②彩叶草摘心后萌发4个侧芽

○彩叶草摘心○

长春花、彩叶草、一品红等许多花卉都需要摘心，但不是所有的盆花都可以或者需要摘心。对于植株矮小、丛生性强的种类，则不宜进行摘心，如三色堇、半枝莲等。有些花穗长而大，摘心后花穗变短小，或摘心后不能促进分枝的种类，也不宜摘心，如鸡冠花、凤仙花、紫罗兰等。

不摘心　　摘心1次　　摘心2次

○长春花不摘心、摘心1次与摘心2次的植株比较○

剪叶尖

对于因为干燥或病害感染而引起的叶尖干枯，为了美观，常常把干枯部分剪去。

○剪去干枯的叶尖○

摘叶

无论是什么盆花，植株基部黄枯叶、已老化而徒耗养分的叶、影响花芽接受光照的叶、病虫危害严重的叶等，都要注意随时摘除、剥除或剪除。

○剥除植株基部的黄枯老化叶○

摘蕾

摘蕾即把花蕾摘除。例如茶花植株上的花蕾有很多，但常因有限的营养过于分散而难以开放，需要摘去部分花蕾，每个枝条留1~2个花蕾就可以了，使营养集中于剩下的花蕾中，这样花会开得更大，留下的花蕾大小若相似则开花也趋于整齐。

摘花与摘果

需要摘花的情况有多种，例如不需结果时，开谢的花朵或花茎要及时摘去或剪去，以免其结果而消耗营养；残缺僵化、受病虫损害的花朵，因影响美观而需摘除；有的盆花残花久存不落，影响美观及嫩芽的生长，需及时摘除。摘果是摘除不需要的小果或病虫果。

○矮牵牛摘除残花○

○五彩石竹植株残花剪去可促进第二次开花○

疏剪

疏剪是指剪掉树冠内的交叉枝、重叠枝、过密枝、徒长枝、衰老枝、病虫枝等，使枝条分布均匀、通风透光、养分集中，促进生长和开花。疏剪应从分枝点上部斜向剪下，这样伤口较易愈合不留残桩。疏剪主要用于灌木上，如在月季栽培作业中，疏剪是一项经常性的工作。

① 微型月季因病害而株形欠佳

② 经修剪后的植株

③ 修剪后的植株重新开花

○微型月季疏剪前后○

短剪或短截

主要用于灌木和部分宿根草花，是指剪去枝条上端的一部分，促使侧枝发生，矮化更新植株。如对于彩叶草、长春花、橡胶榕、朱蕉、天竺葵等多年生草花，栽培时间长了枝条或长得难看，或下部的叶会脱落而显得盆株下部空荡荡的，可把枝条剪去1/2甚至更多，让其重新发出新枝。而对于紫薇等落叶树种，在冬天休眠期则需重剪，常剪掉枝条的1/2～2/3；对于月季等，甚至可将枝条的绝大部分剪掉，仅保留基部的2～3个侧芽。

① 长春花枝条太长，下部空荡，株形难看

② 经短剪后的长春花植株

③ 短剪后的长春花重新开花

○长春花短剪前后○

支缚

一些盆花由于花果太重、花茎太长或地上部太重等原因，易弯曲、倒伏及被风吹折，因此需要设立支柱，对其进行支撑绑缚。最常用的方法就是在盆土中插入细长的竹子或铁线，用麻线或金属丝等把茎枝绑住。

○对落地生根地上部支撑绑缚○

阳台盆花的防寒与防暑

花卉对温度的要求

温度是影响花卉生长发育最重要的因素之一，每种花卉能保持生命的温度是有一定限度的，而花卉能进行生长的温度，则是在这个范围内的更小一部分，见右图。

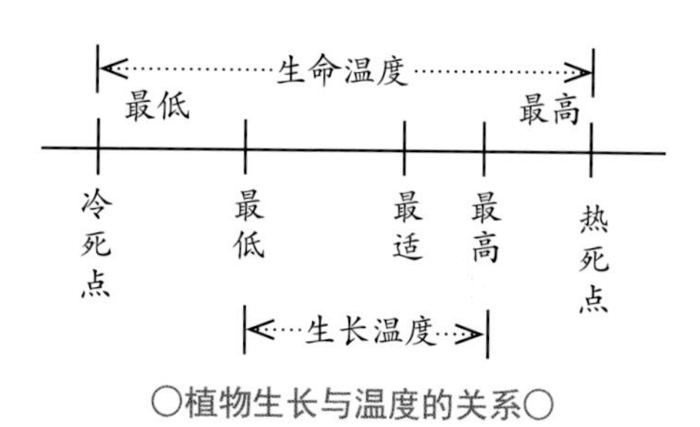

○植物生长与温度的关系○

1. 花卉的生长与温度

每种花卉的生长都有一个温度范围。当环境温度低于生长的最低温度时，花卉就处于停止生长即休眠状态。当温度达到生长的最低温度时，花卉就开始生长，随着温度的升高生长随之加快，直到生长最快的温度，超过此温度后随着温度再增高，反而引起生长速度快速下降，到达生长的最高温度后，生长又停止。生长最快的温度称为最适温度。生长的最低温度、最适温度和最高温度称为生长温度的三基点。

2. 低温对花卉的影响

每一种花卉都有其生长的最低与最高温度。如果温度低于生长的最低温或超过生长的最高温，花卉就会休眠或者伴随着伤害出现，严重时就会死亡。

（1）花卉的耐寒力

耐寒力也叫抗寒力，是指花卉能够忍耐最低温度的能力。根据耐寒力不同，可以把花卉大体分为三大类。

①耐寒花卉。这类花卉原产于寒带和温带地区，包括大部分多年生落叶木本花卉、一部分落叶宿根及球根类草花等，可忍耐0℃，一部分可忍耐-10~-5℃，甚至更低的温度。这类花卉在我国华北和东北南部地区能够露地自然越冬，如月季、紫薇、萱草、蜀葵、金银花等。

②半耐寒花卉。这类花卉原产于温带较暖地区，包括二年生草花、多年生

宿根草花、落叶木本和常绿树种，其耐寒力介于耐寒花卉与不耐寒花卉之间，通常要求0℃以上。这类花卉在我国长江流域能露地安全越冬。在华北、西北和东北，则需进入冷室或使用其他保温办法才能安全越冬。如芍药、石榴、三色堇、金鱼草、石竹、郁金香等。

③不耐寒花卉。这类花卉包括一年生草花，以及原产热带亚热带地区的相当一部分常绿宿根和木本花卉，不能忍受0℃以下的温度，部分不能忍受5℃，甚至更高些的温度。大部分仙人掌类与多肉植物、观叶植物都属于不耐寒花卉。这类花卉在海南以及广东、福建、广西、云南等冬季温暖地区通常多数可露地安全越冬，在其他地区则必须进入大棚、温室等温暖处越冬。

（2）低温对花卉的危害

根据低温的程度不同可分为冻害和寒害两种。

①冻害。冻害是指冰点（0℃）及其以下低温对花卉造成的伤害，导致死亡的称为冻死。不同花卉抗冻能力不同。不耐寒花卉受冻害会死亡。在冬天不会出现0℃以下的低温的地方，花卉也就不会出现冻害的情况。

②寒害。寒害又叫冷害，是指0℃以上低温对花卉造成的伤害，导致死亡的称为冷死。

原产热带地区的不耐寒花卉，当温度下降到0~10℃时，轻则造成植物生长缓慢或停顿（被迫休眠），重则引起寒害。寒害在植物体外观上可能出现的症状，有叶片出现伤斑、叶色变为深红或暗黄、嫩枝和叶片出现萎蔫、整个叶枯黄脱落等。寒害时间长了或温度降到生命的冷死点温度，植株就会死亡。

○椒草受寒害○

3. 高温对花卉的影响

超过生长的最高温度，花卉也会被迫休眠，甚至伴随着伤害出现。在植株外观上可能出现灼烧状坏死斑点或斑块（灼环）、落叶落花、枝叶枯死等，时间长了或到达生命的热死点温度时植株就会死亡。高温使花卉的茎（干）、叶、果等受

○夏季高温时矮牵牛枝叶干枯○

到伤害，通常称为灼伤，灼伤的伤口又容易遭受到病害的侵袭。

防寒措施

每种花卉都有其能够忍耐的最低温度，而且在不同的生长发育时期，对温度的要求也有不同。根据对低温的忍耐能力（即耐寒力）不同，可把花卉分为耐寒、半耐寒和不耐寒三大类。

1. 不需要或可以采取防寒保温措施的种类

不同盆花忍耐低温的具体温度不同，因此对于种植在没有封闭的阳台上的盆花，要不要采取及何时需要采取防寒措施，以避免其冷死或冻死，首先必须知道其具体的耐寒力。

对于不耐寒的耐阴或阴性盆花，在温度太低时，需要把它们搬入到室内光线明亮处，以防止冷死。当室外气温回升时，再把盆花搬回阳台。由于低温往往先引起植株寒害，时间长了或温度再下降才使植株冷死，所以本书介绍各种盆花的越冬温度，基本上都是指其不会受到寒害时的温度。例如对于发财树，冬季温度如果保持在5℃以上就不会受到寒害；而对于红掌，冬季温度则宜保持在10℃以上。

由于冬季的气温变化较大，不时有冷空气南下，而且春季有时也会有倒春寒的情况发生，因此必须随时注意当地的天气预报，提早防寒。

在南方，由于冬天室内通常没有暖气，特别要注意采取防寒措施，如把盆花搬入到室内后还要注意把门窗关紧，特别是在晚上要把窗边的盆花放到房间的中间（因为一天当中温度最低的时间出现在晚上，而室内靠近窗边的温度最低），甚至可把盆花用塑料袋把套起来绑紧来进行保温。如果室内有暖风机、暖炉等，就不需要担心了，但是不能让暖风机的风口直接对着盆花。

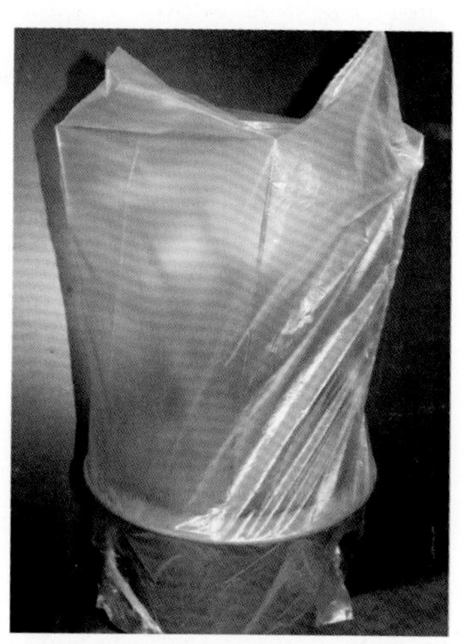

○冬季把盆兰用塑料袋套起来保温○

在北方冬天更加寒冷，如果阳台用玻璃封闭起来，而室内有暖气，对于不耐寒的盆花反而不用担心其受低温的危害了。但是必须注意，因为有暖气的室内温度通常在16℃以上，使得盆花仍然处于不断地生长之中，因此必须进行正常的养护管理，特别是要给盆花提供足够理想的空气湿度。

而对于半耐寒的盆花，有一部分在我国长江流域及其以南的地区留在阳台上就能够安全越冬。对于一部分耐寒的盆花，则在我国北方大部分地区也能够在阳台上自然越冬，在南方就更不成问题了。

2. 不宜采取防寒保温措施的种类

上面介绍了部分半耐寒或耐寒的盆花可不需要采取防寒保温措施，但另外一部分半耐寒或耐寒的盆花，冬季就往往很不好处理了。

例如对于二年生草花，秋播之后在冬季大都需要经过一个1~5℃的低温春化过程（如果温度低于0℃也可能受冻害甚至冻死，所以也被列入温室花卉之中），在春季温度回升时才开花。在南方冬季温暖地区，二年生草花可以在阳台上安全越冬。而在冬季的温度会低于0℃的地方，二年生草花如果不搬到室内就会受害；按道理也可搬到室内来防寒，但问题是室内的光照却又无法满足其正常生长的要求，在北方还有因暖气室温过高而让其无法完成正常春化的问题。

再如对于有落叶休眠期的盆花来说，其耐寒力虽然强，但也是相对而言，仍然还是有一定限度的。所以当气温低到其能够忍耐的最低温度之前，也应当采取防寒措施。按道理在北方可把其搬到有暖气的室内，但是因为其在自然条件下也形成了在休眠期要求较低温度的特性，所以过高的室温又会使其正常的休眠受到严重的影响，导致其将来生长发育不正常，甚至死亡。因此若要其能够正常的休眠，必须腾出一间房子，保持相当低的温度，但这在一般家庭是难以做到的。

因此，在阳台，最好不要选择这些在当地不方便采取防寒保温措施的盆花来种植。

防暑措施

不同花卉有不同的耐热力。分析花卉的耐热力时，需要注意花卉原产地的局部气候条件，不能生搬硬套。我国不少地方夏季最高气温都能够达到38℃，南京和武汉有时竟高达42℃，这样的高温在赤道附近和热带高山、雨林中却很少见。因此一部分热带地区原产的花卉，也往往经受不住我国大部分地区的夏季酷热，不能正常生长开花，甚至引起被迫休眠，管理不善还可能导致死亡。

我国各地的夏季最高温度存在差别，特别是西面和北面阳台因为阳光直晒，温度更高，因此对于种植的一些盆花，更要注意采取防暑降温措施，如对盆花进行遮阴或将其置于阴处，以及进行喷雾或喷水。如果盆花被迫休眠了，必须停止施肥及减少浇水。

阳台盆花的其他管理措施

松土除草

由于经常浇水，一些含土培养土容易板结，导致水、肥、气不易再渗入土内。另外盆里也可能长出杂草，与盆花争夺养分和水分。因此，松土除草也是一项必要的工作。

通常松土结合除草一起进行，但除草不能代替松土。只要见到盆土板结时，就要进行松土。在浇水后待表土变干后，进行松土和除草。松土深度以见根为准，虽然这样会损伤植株一些表层须根，但无关紧要。除草时要把杂草地下部分一起挖除。

如果松土时发现下部土也很硬，这意味着培养土全部都已板结，此时应当进行换盆工作。

清洁叶面

盆花叶面上经常会落积灰尘，这不仅影响美观，而且会把气孔堵塞，影响叶片的各种生理功能，所以必须及时清洁叶面。除非对其浇水是采用从叶上浇灌的方式，否则至少每个月需要检查和清洁一次，最好每一两个星期就要清洁一次。

清洁的方法，可用湿软布或海绵轻轻擦拭叶面（用左手托住叶面，右手进行擦拭），或喷水冲洗掉灰尘（冲洗后必须把留在叶片上、分枝杈处、叶腋处的水滴擦干，以防止病害发生）。用湿布擦叶面对于喜欢高空气湿度的植物也特别有益。对叶片正反两面进行清洁，也是消灭一些叶片害虫（如红蜘蛛、蚜虫等）的好方法。

○盆花需要经常清洁叶面○

专家有话说 擦拭或冲洗叶片的禁忌

必须注意的是，对于盆花新长出的叶子以及长有鳞片、绒毛、粉状物等种类的叶片，不要进行擦拭或冲洗，否则容易损伤叶子，而只可以用喷雾器轻轻喷水，然后把水滴轻轻抖掉。清洁时的水温要与室温接近，不要用冷水。

转盆

摆在阳台的盆花时间长了，植株就会变成向外倾斜生长，这是植物向光性的表现，这种情况是不可逆的。所以阳台盆花通常应每隔数天转盆90°，播种幼苗甚至1~2天就转盆一次，以保持株形直立生长。

○阳台上的长寿花因向光性而长歪○

植株更新

对于彩叶草、长春花、橡胶榕、朱蕉类、花叶万年青等一些多年生盆花，栽培时间长了，枝条长得难看，或下部的叶会脱落而显得盆株下部空荡，此时可以把枝条进行重剪，最好结合换盆，让其重新萌发侧枝；或者只把枝条顶端剪下来重新扦插，因为容易生根，阴性的种类在扦插的同时也可观赏。如果需要繁殖，剩下的枝条或茎段也可作为插条进行扦插。

① 朱蕉的株形难看

② 把植株短剪

③ 短剪后的朱蕉得以更新

④ 或者扔掉老株，留下顶端枝条进行扦插

⑤ 把多条顶端枝条扦插在一起而形成一盆新的朱蕉

○朱蕉植株更新○

阳台盆花的繁殖

播种繁殖

播种繁殖就是指用种子来繁殖。多数花卉种子可以用袋子装，放在抽屉里，贮存期至少1年。播种繁殖主要应用在一二年生草花上，一年生草花一般在春天播种，二年生草花通常在秋季播种。

1. 播种用的基质

小粒种子，通常是用两种以上的无土材料混合起来作为播种基质，可以泥炭为主，添加蛭石、河沙等制成；品质良好的泥炭也可单独作为播种基质。

种子的播种深度，通常大粒种子为种子大小的3~4倍，小粒种子以不见种子为度，极小粒种子播在表面即可。

2. 填装基质

播种容器通常用花盆、浅木箱等。用花盆播种时，先在盆底垫上一块防虫网，再放入约1/3深的陶粒或小石子等，然后装基质约九成满，再接着用木板稍轻压，压平基质。

3. 播种

把种子均匀撒在基质上。微细种子为播种均匀，可先加入一些细小基质混合均匀后再撒播，然后再用木板轻压，使种子与基质紧密接触。稍大的种子也可进行点播，压入适宜的深度，再覆好基质。

播种后就要进行浇水，可用浸盆的方法或者直接喷水。浸盆时，用一个脸盆（其他容器也可，甚至直接把盆花搬到洗手盆上），装入一些水，水深为花盆高的1/3左右即可，然后把花盆放入水里，水通过毛细管作用就会使上部盆土和种子全部湿润。待完全湿润后就把花盆从水中移出并排干多余的水，把其放置在阴处，然后在盆上盖上玻璃或塑料薄膜，以保持基质湿润。

4. 发芽后的管理

种子一发芽就要去掉覆盖物，并且把花盆移至有阳光的地方。如果光照不足会使幼苗生长纤弱，即茎长得瘦弱细长，叶小而颜色变淡。此后的管理中浇水相当重要，不允许让根部基质完全干燥，又不能让基质太湿。通常在基质表面有点干燥时就浇水，对于幼小的苗须采用喷雾的方式。

如果基质中没有先加入肥料，幼苗长出真叶后就要施肥，特别是氮肥，因为氮肥对营养生长影响最大。可用一汤匙氮、磷、钾比例为2：1：1的复合肥溶于2升的水中，浇在基质中，10天左右施1次。

5. 间苗、移植

由于播种时播得较多，所以在幼苗生长拥挤之前必须进行移植，否则幼苗互相夺空间、光照、水分和养分，使得幼苗生长不健壮。如果幼苗的数量比所需要的要多，也可先进行间苗，即拔去一部分苗。间苗时要先考虑间去弱苗、畸形苗和杂种苗，并使留下的苗分布均匀。

移植就是把苗移到另外一个地方种植。播种后的移植是为了扩大株间的距离，使幼苗生长良好。种植用的容器和基质可与播种用的相同。

移植时可用左手手指夹住一片子叶或真叶或茎，右手拿一竹签插入基质中把整个苗撬起来，不要伤根，尽量带土，然后种植到容器中。种植深度要与未移植时的深度相同，苗的间隔距离可在2~3厘米。种植后立即浇水，这次浇的水称为定根水。

移植的时间以傍晚为宜，因为此时移植后正好入夜，没有光照而温度又较

① 点播的苗太多

② 间去部分弱苗

③ 间后的苗分布均匀

○间苗○

① 点播后发芽，先长出子叶(下面两片大叶的)，再长出真叶(上面两片小的)

② 幼苗长大后需要进行移植

③ 左手手指夹住茎，右手用小竹签把小苗挖起，尽量多带土

④ 放入准备好的大盆中种植

⑤ 填完基质(八至九成满)后稍微压实

⑥ 浇透定根水

○移植○

低，蒸腾作用弱，根部又能充分吸水，所以幼苗恢复生长快。如果移植后的白天光照太强，应予以遮阴或把容器放在阴处，以避免强光的伤害，等幼苗完全恢复生长后才置于阳光处。移植后的几天也不要追肥，要等根系恢复生长后再施肥。

移植一次后，如幼苗长大又互相拥挤，需要再次移植。所以幼苗在尚未上盆或定植前，移植次数可进行一至多次。

① 第一次移植

② 第一次移植完毕

③ 第一次移植一段时间后需要进行第二次移植

④ 第二次移植后的植株

○两次移植○

专家有话说 特殊的播种方法

如果只想播种一盆，而一盆只有一株花，那么可直接用一小塑料盆进行播种。方法基本同上，但播种时只在盆中心播上2~3粒种子，待发芽后拔弱留强，只留下一棵最好的苗。待苗长到足够大时再换盆。

分生繁殖

分生繁殖又可分为分株与分球两种。分株繁殖主要应用在宿根草花上，一些灌木也常使用；分球繁殖则应用于球根花卉上。

1. 一般分株繁殖

分株繁殖通常是指把已具备茎、叶和根的个体，自母株中分出而成为独立植株的繁殖方法。由于分出来的是具备茎、叶、根的完整植株，所以成活率很高。

多年生草花分株时，可把植株整株挖起，拆去盆土，用利刀把带根的植株从根颈（靠近地面，产生新枝的部分称为根颈）处切下，除去老叶、病虫叶等，再种在花盆上。如希望得到大的植株丛，可以利用老根颈的一部分，连带几株一起切下或用力扯下。

对灌木进行分株时，将全株连根挖起，脱去根部泥土，用利刀、剪、竹刀或小斧分割根颈。分株时通常两株或三株连在一起，这样栽植后更容易成活。如果单株分割，则通常每株也至少要有两三个枝条，而且分割栽植后的管理也需特别注意，否则容易失败。另外在灌木分株后还要注意对地上部枝叶进行适当修剪，而根太多时也可以对根进行适当修剪。

分株的时间可以说是影响分株成功与否的最重要因素。不同花卉种类，分株的适期也不同。木本花卉的分株适期，通常与其移植适期相同，如落叶类宜早春进行，而常绿类宜春季至梅雨季节进行。对于多年生草花来说，在夏季至秋季间开花的种类，宜在春季进行分株；在春季至初夏开花的种类，一般在秋季进行分株。对阴生观叶植物，可于春季生长即将旺盛之时开始至夏季进行分株。

分株后的上盆与移植上盆的操作方法一样，上盆后及时浇上定根水，把盆放在阴湿处一段时间，待植株恢复生长后再进行正常的管理。

①待分株的母株

②脱出盆株

③将一大丛扯断分开

④扯成几丛

⑤除去老叶病虫叶

⑥一盆种一丛

〇白纹草分株繁殖〇

2. 其他一些特别的分株繁殖

（1）分走茎上长出的植株

像吊兰、虎耳草等，其走茎的茎顶或节上会长出新的小植株，把新株分离栽植即可。

〇吊兰走茎茎顶上的小植株，剪下栽植即成新植株〇

（2）分吸芽

吸芽又叫短匍匐茎，一般是指具有短缩而粗茎的莲座状植物（如观赏凤梨、石莲花等），在成熟植株根际或茎基部自然长出的新株。分吸芽的办法是用利刀在靠近主茎或根际处把吸芽切下或剥下。吸芽不论是有根还是无根，都可直接栽在花盆里，与生根插条的处理方法一样。对于无根的，最好是把植株置于适宜的生根基质中，作为带叶扦插来处理。

（3）分假鳞茎

假鳞茎是指兰花变态的茎，一种特化了的贮藏结构，由一个到几个膨大肉质的茎节所组成，通常呈卵球形至椭圆形。兰花分株时，把假鳞茎连根从母株根茎上切下再栽植即可，但通常每个分株带有两三个假鳞茎容易成功。

① 文心兰母株先脱盆

② 把母株分离成几个小丛

③ 几个小丛一起上盆

④ 上盆栽植完毕

〇文心兰分假鳞茎〇

3. 分球繁殖

大部分球根花卉的地下部分分生能力很强，每年都能生出一些新的球根，把这些新球根分开或者分割后再种植的方法，称为分球繁殖。

像郁金香、水仙等，母鳞茎栽植后，第二年可从其腋芽中形成一个至数个小鳞茎，在落叶休眠后把这些小鳞茎与老鳞茎一起挖起并将它们分离，或栽植前再分离，休眠期过后栽植即可。

大丽花的侧根能膨大形成块根群，每个休眠的块根上含有芽。休眠期过后可把每一个块根单独栽植，也可把每个块根分割（每个分割块必须带有一个芽），然后栽植。

花叶芋，可在休眠期过后用大块茎种植，或把几个小块茎一起种植，或把一个大块茎切成数块再种植，但每块须带一个或几个芽或芽眼。

① 上一年休眠的花叶芋，春天开始生长

② 把盆土倒出，取出所有的小块茎

③ 把几个小块茎一起再上盆

④ 填好新盆土

⑤ 浇透水

⑥ 一段时间后抽出新叶

○花叶芋分球繁殖○

扦插繁殖

扦插繁殖是将植物茎、根或叶的一部分或全部从母体上剪切下，在适宜的环境条件下让其形成根和新梢，从而成为一个完整独立的新植株的繁殖方法。

剪切下来的部分称为插条或插穗。根据所取营养器官的部位不同，扦插又可分为枝插、叶插、叶芽插和根插，其中以枝插最常见。

1. 一般扦插繁殖

扦插前必须选择合适的基质。要求基质干净，既能排水透气又能保水，约有10厘米深（一般插条平均长度为7.5~13厘米，插入深度为插条长的一半）。河沙常用来作为扦插基质，但其保水性差，必须经常补充水分。泥炭是常常加入沙中的一种基质，主要是为了增加保水性。泥炭与沙混合基质（1~3份泥炭掺1~2份沙）适用于很多种类插条。

专家有话说　用生根剂效果好

目前市场上都有不少生根剂产品出售。用生根剂来处理插条基部，不仅生根率、生根数和根的粗度、长度都有显著提高，而且生根期缩短、生根整齐。生根剂通常是粉剂，使用时将插条基部新切后先用水蘸湿，然后再沾粉剂即可扦插。

通常用花盆来进行扦插。扦插时不要直接把插穗插入基质，而是先用一根与插穗粗细差不多的小棒，在基质中插一个洞，深度与插穗所要插的差不多，然后再将插穗插入洞中。或者先把插穗放入盆中，再填入基质。

俗话说：有心栽花花不发，无心插柳柳成阴。插条容易不容易生根，受插条本身的内在因素与扦插时所处的外界环境因素这两大方面影响。

外界因素包括空气湿度、温度、光照等。例如用带叶的枝条扦插时，插条在生根前干枯死亡是插条失败的主要原因，因为插条无根，无法像在母体上时那样获得正常水分，但叶子仍然进行蒸腾作用。所以通常插条叶面积越大，插条干死的可能性也越大，特别是对于生根慢的种类。一般在实际扦插时，应限制插条上的叶数和叶面积，一般留2~4片叶，大叶种类还要把叶片剪去一半或一半以上。另外，阳光太强、温度太高，会促进插条蒸腾失水，所以带叶扦插时要放在阴湿处或进行遮阴，并且要经常喷雾或喷水。

2. 枝插

枝插又叫茎插、茎枝扦插，按照所取插穗的性质不同通常可分为半硬枝插、绿枝插和草质茎插等3种。

（1）半硬枝插

半硬枝插也叫半木质化插，是指采取木本花卉当年生的半木质化带叶枝条作插穗的扦插，茶花、杜鹃等常用此法繁殖。常在夏天迅速生长之后采枝条作插穗。插穗一般取7.5~15厘米长，上端叶片保留（如果叶片很大应去掉一部分）。

常用枝梢作为插穗，基部切口常在节的下方。最好在凉爽的早晨枝条细胞充满水时采插条，扦插前置于阴湿处。扦插深度为插穗的一半长度，保持较高的空气湿度。

（2）绿枝插

以落叶或常绿木本春季刚长出的柔嫩多汁新梢作插穗的扦插叫绿枝插或嫩枝插、软枝插。绿枝插通常比其他扦插法容易且方便，但要求更加细心的照料。因插穗带叶，要尽量营造高湿度的环境条件，如经常喷雾。大多数情况下绿枝插穗2~4周生根。

插穗最好是从完全成熟而有些弹性、急弯时会折断的枝条上剪取。插穗长7~13厘米，具有2个或多个节。基部切口常在节的下方。上部叶保留，下部叶剪去，大叶片还要剪去部分。插穗一半长插入基质中。

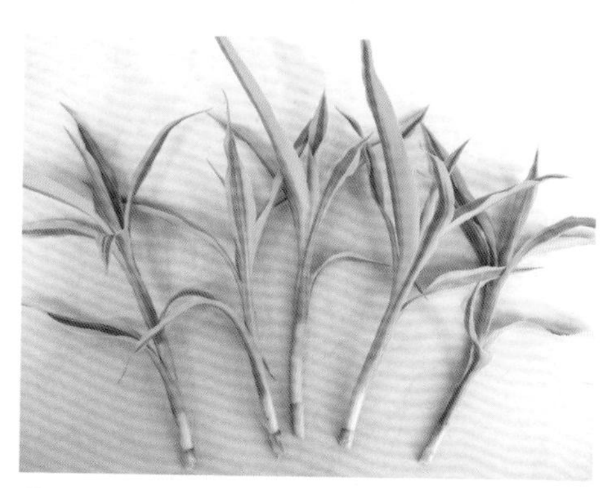
①剪好插穗

②几个插穗插在一起，成活后就直接可观赏

○富贵竹绿枝插○

（3）草质茎插

草质茎插是对草本花卉而言的茎插，彩叶草、天竺葵、菊花、亮丝草类、花叶万年青类等常采用草质茎插。插穗长5~12厘米，以枝条顶端为佳。茎段上部都要带有叶片，也可不带叶片，如亮丝草类。这种扦插与绿枝插要求同样的采穗处理和条件，特别需要高湿度。虽然不需生根剂处理也易生根，但常常用生根剂处理可使生根迅速一致，生长较多的根系。草质茎最容易发生基部腐烂，基质、刀剪等务必要求干净。花叶万年青类不带有叶片的茎段除了直插外，还通常把茎段横放埋入基质中。

○银皇后亮丝草不带叶茎段直插○

○花叶万年青类不带叶茎段横插○

① 从节下剪下插穗

② 剪去插穗下部叶子

③ 把插穗放入盆中，填入基质

④ 扦插后立即浇透水

⑤ 将弧形的铁线插入基质

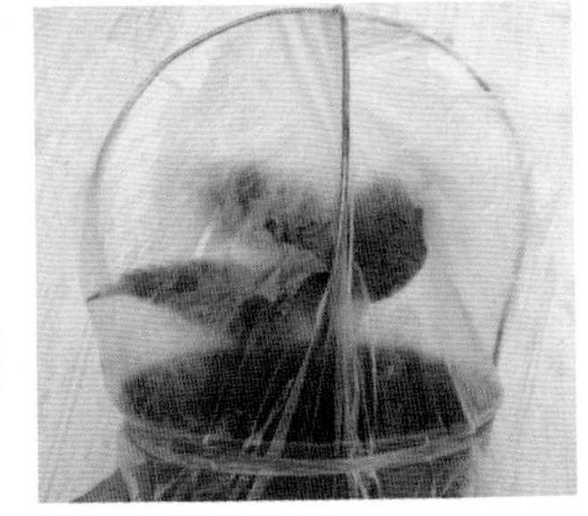
⑥ 罩上塑料袋保湿

○彩叶草茎插○

仙人掌类与多肉植物的草质茎含有较多水分，与一般的草质茎扦插有所不同，插穗要放在阴凉处若干天，让切口愈合后再扦插。可用沙子作为基质，插后不需要太频繁浇水，不需要保持较高的空气湿度。

阳台盆花的病害防治

阳台盆花病害发生特点

1. 生理病害与传染性病害

植物与人一样，也会发病，引起植株生长不正常。植物的病害有两大类：

一类是由于环境条件，如光照、温度、水分、土壤、营养等不适宜，引起植物产生病害。这种病害当环境条件恢复正常时，病害就停止发展，并且还有可能逐步恢复正常。由于这些非生物因素缺乏传染性，所以由它们所引发的病害称为非传染性病害，又叫生理病害。这类病害就好像我们人身上发生的冻疮、肩周炎、高血压等疾病，不会在人与人之间互相传染。

一类是由于病原生物，如真菌、细菌、病毒等侵染，而引起植物产生病害。这种病害具有传染性，所以称为传染性病害。这类病害就好像我们人身上发生的一些疾病，如禽流感、香港脚（足癣）等，前者由病毒感染所引起，后者由真菌感染所引起，都会在人与人之间互相传染。真菌、细菌、病毒等生物，个体极其微小，用肉眼是看不见的。

2. 真菌病害、细菌病害与病毒病害

由真菌侵染所致的病害称为真菌病害，大多数盆花病害属于这类病害。在持续高湿度、下雨、大雾或重露期，病害发生最严重。家里的木质家具和皮衣在春雨连绵的季节容易发霉（霉就是一种真菌），也就是这个道理。过量灌水和傍晚灌溉也能助长病害发生。

由细菌侵染所致的病害，称为细菌性病害。盆花细菌病害的数量比真菌病害要少很多。

由病毒引起的植物病害称为病毒病。病毒病主要影响盆花的观赏价值与品质，一般不会引起盆花死亡。由于一些害虫会传播病毒病，所以杀灭这些害虫可明显减少病毒病的发生。

3. 阳台花卉病害防治的不易性

由于病害分为生理性的与传染性的两大类，这两大类病害的防治方法完全不同。其中对于生理病害引起的环境原因又有许多，防治方法也不同。对于传染性病害，引发的病原物也有许多，防治方法往往也不同，而目前还尚未有包治百病的农药，所以我们通常说要“对症下药”。这对盆花的病害防治来说特别重要。因此，在进行盆花病害防治时，首先必须确定它是属于生理病害还是传染性病害；如果是生理病害，要确认具体又是由哪一种环境条件不适所导致；如果是传染性病害，要确认具体是由哪一种病原物侵染所引起的。如果诊断错了，防治方法也就错，也就白费工夫了。

对一般人来说，要能够准确地诊断出盆花某种病害的具体病因或者病原物，这往往很困难，甚至根本无法做到，因此无法对各种病害进行准确有效的防治，可以说这是家庭养花存在的最普遍、最主要的问题。

当然，因为一般阳台养的花数量不多、品种较少、环境比较特殊，容易发生的病害其实也不多，而且其中有一些病害的病状或病症毕竟有比较明显且易于识别，只要多看多记，对一些常见的病害还是能够做到对症下药。另外，防治真菌的广谱性农药，对多种真菌也都具有防治效果；还有真菌、细菌兼治的农药，如花康。

病害防治方法

阳台养花，对于病害的防治方法主要有两种：人工防治和使用农药。以人工防治来说，例如把发病的部分摘除或剪除；病株整株拔除销毁；用清洗或湿布擦拭的方法去除等。但是人工防治也只能治标不能治本，最好是使用农药来防治。然而对于病毒病目前还没有可根治的药剂，发现后也只能整株拔除销毁。

用于防治真菌和细菌病害的农药叫做杀菌剂。与杀虫剂相比，杀菌剂虽然对人和动物的毒性要小得多，使用起来更加安全，但是使用时还是要注意安全问题。

杀菌剂的选择

1. 分清保护剂与治疗剂

植株在患病之前喷上杀菌剂，抑制或杀死孢子或细菌，以防止病原菌的侵入，从而植株得到保护，这类药剂称为保护剂。在发病初期就要及时喷药，对已经患病的植株一般没有防治效果。

在植株感病后喷上药剂，能够阻止病害继续发展，甚至使植株恢复健康。这一类药剂是在病原菌侵入后，用来处理植株的，称为治疗剂。这类杀菌剂都是属于内吸性的，能够被植株吸收到体内而杀死病菌。

值得注意的是，无论是保护剂还是治疗剂，都不能长期使用一种杀菌剂，而应选用几种杀菌剂轮流使用。

2. 杀菌剂的使用方法

杀菌剂一般是粉剂，通常是加水配成一定浓度后用于喷植株。喷雾器的喷头与植株距离不要过近。喷洒时要求均匀，覆盖完全，但不要喷得过量，以致形成水滴。如果药剂是没有内吸性的保护剂，还应把药液喷到叶片背面，才能收到较好的效果。有的杀菌剂也可用来淋土。其他方面参考杀虫剂的使用方法。

3. 常用杀菌剂

（1）真菌性、细菌性病害兼治杀菌剂

含铜杀菌剂对真菌、细菌所致的病害均有一定防治作用。这类杀菌剂常见的有氧化亚铜（靠山）、氢氧化铜（可杀得）、碱式硫酸铜、氧氯化铜（王铜）、络氨铜（瑞枯霉）等。药剂属保护性，对真菌所致的病害如霜霉病、黑斑病、疫病、叶斑病、立枯病、斑枯病、炭疽病、猝倒病等，均有良好的防治效果；对细菌性病害也有防治作用。持效期一般为7~10天。有的还适于灌根。遇高温高湿或阴湿天气要尽量避免使用这些铜剂，以免发生药害。

○多菌灵○

（2）防治真菌性病害的杀菌剂

多菌灵：内吸性杀菌剂，可防治白粉病、褐斑

病、叶斑病、灰霉病、炭疽病、猝倒病、疫病、根腐病、立枯病、枯萎病等真菌性病害。根据病情发展情况决定喷药次数，7~10天喷1次。也可用作土壤处理。

代森锰锌：广谱保护性杀菌剂，能防治炭疽病、早疫病、晚疫病、霜霉病、灰霉病、猝倒病、叶斑病、轮纹病、圆斑病等。7~10天喷1次，一般喷3次。

甲基硫菌灵：广谱内吸性杀菌剂，可防治真菌病害，如褐斑病、煤污病、炭疽病、白粉病等。7~10天喷1次，一般喷3~5次。

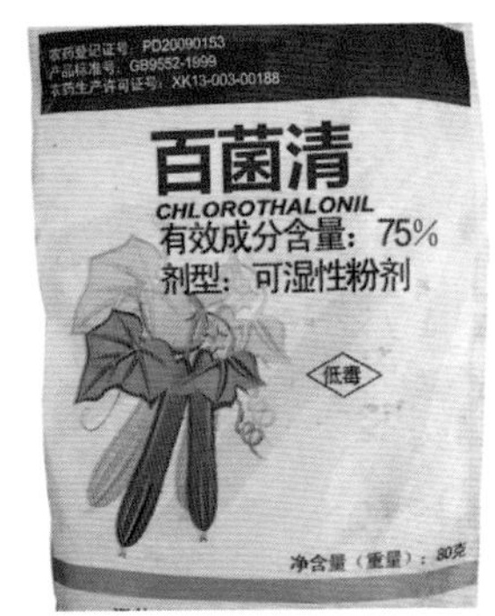

○百菌清○

百菌清：广谱非内吸性保护剂，对锈病、褐斑病、黑斑病、霜霉病、炭疽病、灰霉病、白粉病等都有防治效果。7~10天喷1次，一般喷3次。

苯醚甲环唑：广谱内吸性杀菌剂，兼具保护和治疗作用，可防治白粉病、锈病、炭疽病、疫病等。7~8天喷1次，一般喷2~3次。

三唑酮：内吸性强的杀菌剂，可防治锈病、白粉病、黑腐病等。其残效期长，喷1~2次即可。

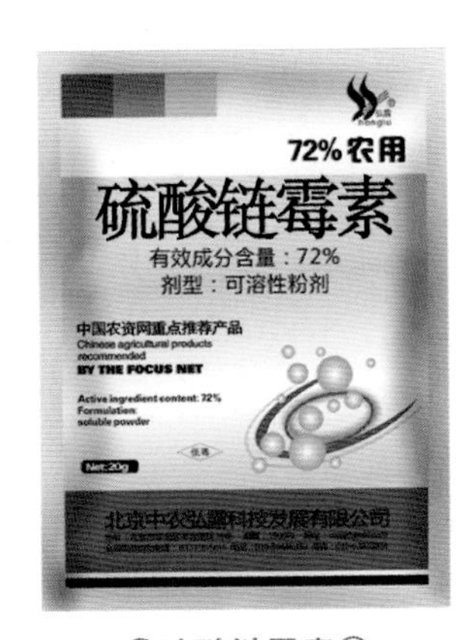

○硫酸链霉素○

咪鲜胺：广谱非内吸性杀菌剂，可有效地防治多种真菌病害，如炭疽病、叶斑病、煤污病、黑斑病、灰霉病、褐斑病、疫病、圆斑病、轮纹病等。7~10天喷1次，喷2~3次。

（3）防治细菌性病害的杀菌剂

目前防治细菌性病害的杀菌剂不多，主要有硫酸链霉素、叶枯唑、噻菌铜等。

主要病害诊治方法

1. 病状和病症的主要特点

病害的病原不同，症状也不一定相同，有的差异很大。症状可分为两部分：病株发病后表现不正常状态的，称为病状；病原生物在病株上的特征性表现称为病症。生理病害与传染性病害的区别最主要是前者没有病症，只有病状；而后者则既有病状又有病症。

病状和病症是植物病害诊断的重要依据。了解病状是诊断病害的基础，而了解病症则更有利于熟悉病害的性质。

（1）病状

包括生理病害和非传染性病害在内，阳台盆花病害主要有以下病状。

①变色。主要发生在叶片上，可以是局部的，也可以是全株性的，被害部分细胞内的色素发生变化，但细胞并没有死亡。

花叶：叶片的叶肉部分出现浓淡绿色不均匀的斑驳，形状不规则，边缘不明显。

褪色：叶片呈现均匀褪绿，叶脉褪色后形成明脉和叶肉褪绿等。病毒病可导致褪色，但营养缺素症也会导致褪色。

黄化：叶片均匀褪绿，色泽变黄。

②坏死和腐烂。都是植株被害后其细胞和组织死亡所造成的一种病变。

斑点或病斑：主要发生在叶上，也有在茎、花、果上。寄主组织局部受害坏死后，形成各种形状、大小、色泽不同的斑点或病斑。一般具有明显的或不明显的边缘，斑点以褐色为多，也有灰、黑、白等色。形状有圆形、多角形、不规则形等，有时在斑点或病斑上伴有轮纹或花纹等特征。在病害命名上，常常根据它的明显病状分别称为黑斑、褐斑、轮纹、角斑、条斑等。

穿孔：病斑部分组织脱落，形成穿孔。

枯焦：发生在芽、叶、花等器官上。早期发生斑点或病斑，随后扩大和相互连接成块或片，最后使局部或全部组织或器官死亡。

腐烂：多发生在柔嫩、多肉、含水较多的根、茎、叶、花和果实上。如果组织崩溃时伴随汁液流出的，称为湿腐。

（2）病症

①霉状物。感病部位产生各种霉。霉是真菌病害常见的病症。霉层的颜色、形状、结构、疏密等变化也大，可分为霜霉、黑霉、灰霉等。

②粉状物。这是某些真菌一定量的孢子密集在一起所表现的特征，可分为白粉、锈粉、黑粉等。

③粒状物。在病部产生大小、形状、色泽、排列等各种不同的粒状物。有的粒状物呈针头大小的黑点，有些粒状物较大。

④绵（丝）状物。在病部表面产生白色绵（丝）状物。

⑤脓状物。这是细菌所具有的特征性结构。在病部表面溢出含有许多细菌细胞和胶质物混合在一起的液滴或弥散成菌液层，具有黏性，称为菌脓或菌胶团，白色或黄色，干涸时形成菌胶粒或菌膜。

2. 叶、花和果病害诊治

真菌是叶、花、果病害最主要的病原菌，细菌也会引起，而病毒主要引起叶部病害。在叶、花、果中，叶存在的时间长，故叶的病害更多。侵染叶部的许多病原物也常侵染花器、幼果和嫩枝，有的病害仅侵染花器。

○蝴蝶兰叶片细菌性病害○

叶片病害的种类很多，主要有下面几种。

（1）白粉病

由真菌中的白粉菌引起。这种病害，病症常先于病状。病状最初常不明显。病症初为白粉状，近圆形斑，扩展后病斑可联结成片。一般来说，秋季时白粉层上出现许多由白而黄、最后变为黑色的小粒点。

○白粉病○

防治方法：摘除病叶，使用甲基硫菌灵、三唑酮等杀菌剂。

（2）锈病

由真菌中的锈菌引起。一般来说，病症先于病状。病状常不明显，黄粉状锈斑是该病典型病症。叶片上的锈斑较小，近圆形，有时有泡状斑。

防治方法：摘除病叶，使用三唑酮、萎锈灵等杀菌剂。

○锈病○

（3）煤污病

○煤污病○

煤污病又称为煤烟病，主要由真菌引起。病叶被黑色的煤粉状物所覆盖，有的煤污层在叶片上覆盖牢固，有的则易脱落。煤污病与蚜虫等小虫的危害关系密切。

防治方法：摘除病叶，彻底消灭蚜虫等害虫，使用甲基硫菌灵等杀菌剂。

（4）灰霉病

○灰霉病○

草花上最常见的真菌病害，在潮湿、低温条件下，病部长满灰色霉层，花、叶或果都可能发病。

防治方法：摘除病叶，使用腐霉利、多菌灵等杀菌剂。

（5）炭疽病

○炭疽病○

盆花最常发生的一种病害，草花和木本花卉等都会发生。以叶子最多，引起叶斑，其他器官也有。不同花卉炭疽病的病斑形状、颜色不完全相同，但是到后期都会形成同心轮纹状，并且往往会产生散生的黑色小粒点。

防治方法：摘除病叶，使用咪鲜胺、苯醚甲环唑等杀菌剂。

（6）叶斑病

除白粉病、锈病、煤污病、灰霉病、炭疽病等以外，叶片上所有的其他病害统称为叶斑病。由真菌引起，有各种颜色、各种形状的病斑，有的病斑可因组织脱落而形成穿孔。病斑上常出现各种颜色的霉层。

防治方法：摘除病叶，使用咪鲜胺、百菌清等杀菌剂。

○月季黑斑病○

○一品红叶斑病○

（7）病毒病

病毒侵染叶片、花瓣等，可引起花叶、斑驳、条斑等症状。

防治方法：发现病株，彻底销毁。无特效农药。

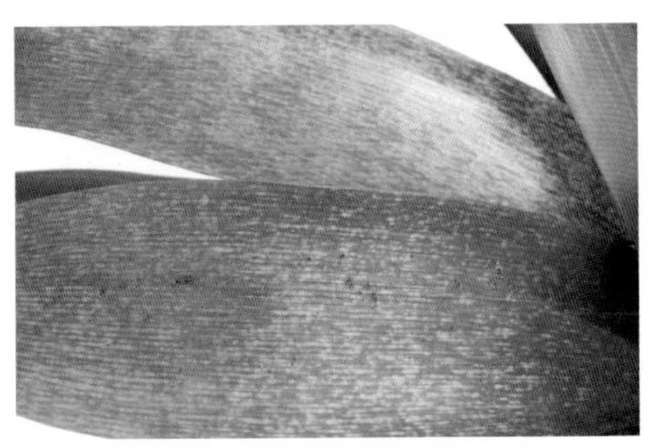

○病毒病引起花叶○

3. 茎干病害诊治

茎干病害的种类虽不如叶部病害多，但危害性很大，不论是草花的茎，还是木本花卉的枝条或主干，受害后往往直接引起枝枯或全株枯死。

茎干病害的症状类型，有腐烂及溃疡、枝枯、肿瘤、丛枝、带化、萎蔫、立木腐朽等。不同症状类型的茎干病害，发展严重时最终都能导致茎干的枯萎死亡。

由真菌引起的常见茎干病害有茎腐病、疫病、枝枯病、立枯病、软腐病、枯萎病、疫腐病等。由细菌引起的常见茎干病害有疫病、青枯病、软腐病、溃疡病、基腐病等。

○墨兰茎腐病○

○月季枝枯病○

防治方法：根据具体病害选用合适杀菌剂。

4. 根部病害

花卉根部病害的种类虽不如叶部、茎枝部病害的种类多，但所造成的危害常是毁灭性的，如染病的幼苗几天内即可枯死，木本盆花在一个生长季节可造成枯死。根病发生后，在植株的地上部分也可反映出来，如叶色发黄、放叶迟缓、叶型变小、提早落叶、植株矮化等。

根病病害有两类：一类是属于非侵染性的，如盆土积水、施肥不当、土壤酸碱度不适等；另一类是属于侵染性的，主要由真菌和细菌引起。

根病的诊断和防治较其他病害困难，因为早期不易被发现，而且侵染性根病与生理性根病常易混淆。

防治方法：如发病严重，只好弃去；如发病较轻，则予以翻盆，剪去病根，重新上盆。如为侵染性病害，翻盆后须用广谱杀菌剂浸泡余下的健康根部，然后上盆。

阳台盆花的虫害防治

阳台盆花虫害发生特点

1. 害虫的口器

口器是昆虫的取食器官。危害花卉的害虫主要有两种不同的口器类型。

一种是咀嚼式的口器，其典型的危害症状是使盆花形成各种形式的机械损伤。例如：有的害虫能吃食叶片、生长点、茎、花、果实等，造成叶缘缺刻、叶中穿孔等现象；潜叶蝇，则钻入叶中潜食叶肉，使叶片出现不规则的白色条纹；而卷叶蛾吐丝缀叶，使叶卷起而自己藏在里面，饿时爬出来吃食附近的叶和茎等。

第二种是吸食汁液类型的口器，主要以口器刺入组织内的方式为主，然后吸取植物的汁液，就像蚊子吸人血一样。植物受害后出现褪色斑点，受害点多时叶片、花瓣等会出现卷曲、皱缩、畸形、枯萎等现象。这类害虫往往还会传播病毒病；其中的一些因还会分泌出发黏的液体，俗称“蜜汁”，容易吸引蚂蚁来吸食，也会引起煤污病的发生。

2. 阳台花卉虫害的发生特点

能够危害花卉的害虫相当多，而且它们的大小差别很大。但是阳台养花由于一般花卉种类少、数量不多、环境比较特殊等关系，容易发生的害虫其实不算多。而容易发生的害虫中的大多数很细小，以吸食盆花的汁液为生。

○要经常用放大镜检查盆花有无害虫○

害虫都会繁殖而使数量增多。许多细小的害虫繁殖速度很快，如果不及时进行控制会对盆花造成严重的影响，越早发现越容易彻底清除。而有的害虫细小得用肉眼也难以看见，所以在阳台养花时，配备一个放大镜是必要的，以用来检查是否有害虫发生。检查时，注意叶背也可能有虫，也必须检查。

对于具咀嚼式口器的害虫，因为幼虫越大食量也越大，对盆花的危害就越严重，所以也是越早发现和防治越好。最佳的防治时间是在幼虫刚刚孵化出来之时。

虫害防治方法

阳台盆花虫害的防治方法主要有两种：人工机械防治和使用农药。从防治的方便性、安全性等来考虑，人工机械防治是最佳的。例如：对看得见的害虫用手捏死；把受感染的部分摘除或剪除等。但是这些简单的方法只能治标不能治本，使用农药来防治较彻底。

杀虫剂往往是有毒的化学药剂，在不合理的情况下使用，常会造成人与宠物中毒、植株药害、污染环境等问题。所以，阳台养花必须对杀虫剂及其使用有正确的了解，做到防治有效且安全。

1. 杀虫剂的杀虫机理

杀虫剂的杀虫机理有多种，主要有下面3种。

（1）触杀作用

药剂不需要害虫吞食，只要喷洒在害虫身上，或者害虫在喷洒有药剂的植株表面爬行，药剂就可使害虫中毒死亡。

（2）胃毒作用

害虫直接把药剂吞食或者吞食沾染药剂的植物组织后，而引起中毒死亡。

（3）内吸作用

药剂喷到叶上或施到盆土里后，先被吸收到植株体内，然后运输到植株各个部分，害虫吃了含有毒物的组织或汁液即引起中毒死亡。内吸剂对盆花的保护时间长，是家庭养花最好的杀虫剂，特别是对具有蜡质覆盖物的介壳虫、潜食叶肉的潜叶蝇等防治效果更佳。

杀虫剂种类很多，一种杀虫剂常常具有两三种杀虫作用。农药的剂型通常有液剂（包括水剂和乳剂）、粉剂（包括可湿性粉剂和可溶性粉剂）与颗粒剂3种。

2. 农药的毒性对人的影响

有些杀虫剂会毒死或严重伤人，而另外一些则相对安全。如果用错了，所有农药都是危险的，即使相对无毒的农药也能使皮肤发炎。

农药进入人体有3条途径：口部、皮肤接触和呼吸吸入。皮肤能吸收许多农药，皮肤接触是农药最容易进入施药者体内的途径。农药接触眼睛或伤口时也能很快进入人体内。空气中的农药的毒气体和细小的干粉颗粒能够通过口和鼻而进入人体内。

3. 安全使用农药

农药会对人产生毒害，特别一些很毒的农药，只要接触少量就可能中毒，所以在处理、施用和贮藏农药时，采取安全措施是相当重要的。

①配药和施药时要做好安全防护工作，如使用橡皮手套、袖套、口罩等，这些用具用完后要及时用洗衣粉或肥皂洗净，以备再用。绝对不要直接接触到农药，这在混合农药之前尤为重要，因为农药在稀释之前浓度很高。

②根据说明书上介绍的使用浓度，计算好需要使用的农药量。不要随便提高使用浓度，这是危险的；也不要降低使用浓度，否则没有功效。液剂必须用

量筒量取或注射器吸取。粉剂或颗粒剂，可按需要量将包装袋内的药粉分成数等份来取。把取好的农药倒入小喷雾器中，再加入计算好的水量，充分混匀。

③配成的药液量尽量不要过量，未用完的农药应尽量倒入室外绿地里，或倒入排水沟或洗手间冲走。

④盆花应当搬到阳台地面上或楼房外空地上喷药（如果是颗粒剂直接施在盆土的，可不需要搬动花盆），以免药液飘洒到楼下阳台或地面行人。药剂要尽量喷到虫体上，喷洒完后再把盆花搬回原处，在几天内都不要去触摸盆花。

⑤用具必须专用，用完后必须用洗衣粉水彻底洗刷，再用清水洗净后恰当地存放。而手也必须用洗手液或肥皂洗干净。

⑥要恰当地贮放好农药，特别不能让小孩轻易地得到。可用一个带锁的木箱来装，放在杂物间里的干燥处。大多数农药贮放时间至少为2年。

杀虫剂的选择

1. 常用杀虫剂

目前杀虫剂种类很多，组成成分不同，毒性也不同。阳台养花，应选用高效低毒的农药。同一种有效成分的杀虫剂，经常有多个商品名称，购买时必须看标签上的说明，不要买重了。常用的杀虫剂种类有有机磷杀虫剂、拟除虫菊酯类杀虫剂等。

有机磷杀虫剂品种多，常见的有毒死蜱、氧乐果、马拉硫磷、辛硫磷、杀螟硫磷等，对一般害虫都有防治效果。

拟除虫菊酯类杀虫剂对人和动物毒性较小，对咀嚼式口器的害虫效果好，击倒快，但没有内吸作用。喷杀蟑螂的喷雾剂以及蚊香就是属于这一类。这类农药的缺点是很容易使害虫产生抗药性，所以使用时要尽量减少使用剂量和次数，而且要与其他类农药进行轮换使用。常见的品种有溴氰菊酯（敌杀死）、高效氯氟氰菊酯、甲氰菊酯（灭扫利）、氰戊菊酯（速灭杀丁）等。

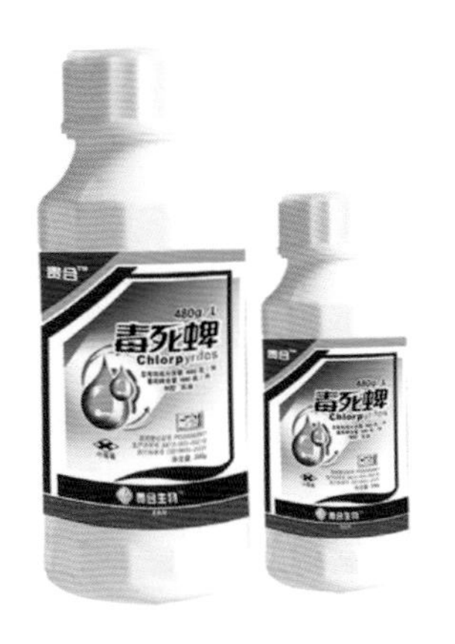

○毒死蜱○

此外，还有氨基甲酸酯类的具有内吸性的杀虫剂丁硫克百威（呋喃丹低毒化品种）、烟碱类超高效杀虫剂吡虫啉、抗生素类杀虫剂阿维菌素等。

值得注意的是，专门用于防治螨类的药剂叫杀螨剂。杀螨剂对其他害虫一般无效，要特别注意。多数品种的名称上都带有“螨”字，如三氯杀螨醇、炔螨特等。

○吡虫啉○

2. 自制杀虫剂

阳台养花，利用一些常见的材料也可以配制成一些土杀虫剂，这样不仅可省钱，而且比购买的杀虫剂更加安全。

（1）洗衣粉

取2克中性洗衣粉，加水500克搅拌成溶液，再加清油一滴，然后喷雾，对蚜虫、红蜘蛛、介壳虫、白粉虱等有防治效果。或者取肥皂和热开水按1∶50的比例溶解后喷施。

（2）蚊香

蚊香含有拟除虫菊酯类药物，把其点燃后挂于有虫的植株上，用塑料袋罩住植株及花盆，熏1小时即可。

（3）风油精

风油精加水400~500倍混匀后，可用于喷杀蚜虫。

（4）柑橘皮

取柑橘皮50克，加水500克浸泡24小时，过滤后取滤液喷洒叶面，可防治蚜虫、红蜘蛛等。

（5）啤酒

在盆土上放一个小浅盘，把啤酒倒入浅盘里，可引诱蜗牛爬入浅盘内淹死。

主要虫害诊治方法

1. 蚜虫

群集的蚜虫在新生的嫩芽上吸食汁液，会损伤嫩芽，使嫩芽出现不成形的叶片，甚至枯萎，抑制了盆花的生长。嫩叶、嫩茎、花蕾和花也可能受害，造成畸形、发黏，严重时可使叶片卷缩脱落、花蕾脱落。蚜虫还容易引起煤污病的发生，传播病毒病。蚜虫身上分泌出“蜜汁”，还会吸引蚂蚁来吸食，而蚂蚁又常常会把蚜虫从一个位置或植株带到另外一个位置或植株。

○绿色蚜虫○

蚜虫种类很多，有翅膀或者没有翅膀，体长约3毫米，甚至更小，常常呈绿色，也有粉红色、棕色、黄色、灰色、黄白色或黑色，繁殖速度都很快。除了组织坚硬的植物（如观赏凤梨）外，其他盆花都可能会受蚜虫的危害。

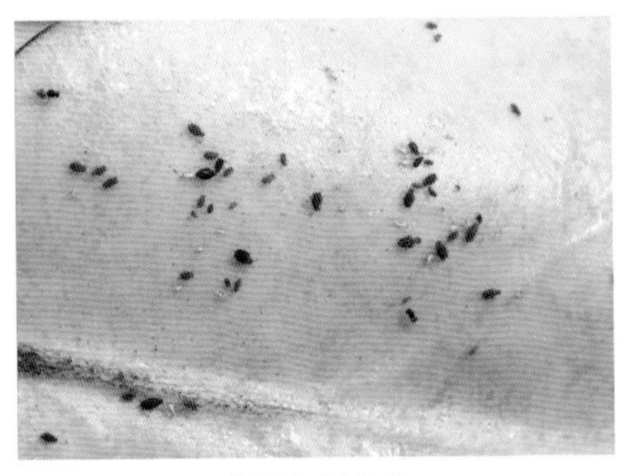

○黑色蚜虫○

防治方法：剪除严重变形的受害部分；经常进行盆花的清洁；用手指压死，之后再喷水洗净；必要时使用杀虫剂，如吡虫啉。

2. 蚂蚁

蚂蚁间接危害盆花，如它会移动蚜虫。能够分泌出“蜜汁”的害虫，如蚜虫、介壳虫等，会吸引蚂蚁来吸食。如果植株上有蚂蚁在不断走动，往往是感染了这些害虫。

○植株上有蚂蚁走动，往往是发生了虫害○

防治方法：用手捏死植株上的蚂蚁。在盆土上、盆边、盆底及其附近的蚂蚁，可以用喷杀蟑螂的喷雾剂直接喷杀，但是这种喷雾剂不能直接喷洒植株。

3. 螨类

螨类种类多，一般在叶片上吸吮汁液，直接破坏叶片组织，故又称为叶螨。螨类虫体极小，长度大多在0.5毫米以下。最常见的是红色或粉红色的，俗称红蜘蛛，也有黄蜘蛛。多时在叶上特别是在叶背会织成丝一般的网状物，在叶上还会有黑色的小斑点——红蜘蛛的排泄物。有的螨类在叶上大量产卵，这些卵像一层灰尘。

○红蜘蛛以叶背为多○

螨类广泛危害花卉的叶子，芽、嫩枝梢、花瓣等也可能受害。受害处会出现褪色的斑点，因其繁殖速度极快，叶片受害严重时被小小的斑点完全覆盖，并且可能出现卷曲、皱缩、枯焦似火烤、脱落等现象。芽和嫩枝梢受害时导致新的枝叶发育受阻，花芽受害可能变成黑色。不注意防治时会扩展至全株。

防治方法：螨类通常在叶背更多，用放大镜经常检查叶片两面是否有螨虫发生；干热的空气最有利于螨类的发生，每天给植株喷水有助防止侵害；用清洗叶片的方法把其除杀；用手指压死，之后再喷水洗净；使用适宜的杀虫剂（如三氯杀螨醇），注意叶背也必须喷到药剂。

4. 介壳虫

介壳虫种类极多，大多也是属于小或很小的昆虫，有的只有1.5~3毫米长，颜色有棕色、淡黄色、白色、粉红色等。无论是哪一种介壳虫，幼虫孵化出来以后会活动，以寻找可食茎叶的地方；然后分泌一层保护性的蜡质覆盖物——称为介壳，就不再移动了，成虫就躲在介壳里面靠吸取汁液为生。有的介壳虫上的覆盖物像粉一样白色毛茸茸的，特称为粉介壳虫。

○介壳虫可用指甲刮掉○

阳台上所养的花，都容易受到介壳虫的危害，叶子、茎、叶腋处都会受害。受害处会出现褪色的斑点，虫多时叶片会变黄、枯萎。介壳虫也会分泌出“蜜汁”，从而引起煤污病的发生，也会吸引蚂蚁。

防治方法：介壳虫成虫固定不动，而且有特殊的介壳外貌，很容易判断。用人工的方法防治简单、有效而安全，如可用牙刷刷掉、用指甲刮掉等。使用杀虫剂（如丁硫克百威、毒死蜱）时，最好在幼虫孵化、介壳尚未增厚时喷雾，效果好；成虫因为有介壳保护，效果差，喷药时可在农药中加一点洗衣粉，有利于溶解介壳。此外，也可用蚧壳净（噻嗪·杀扑磷）等专用杀虫剂。

5. 蓟马

蓟马种类也多，常见黄色、绿色或黑色，虫体极小，只1毫米多。成虫有翅膀，但是通常都不飞而跳跃。蓟马利用特殊的口器刮破植物表皮，然后吸食汁液为生。

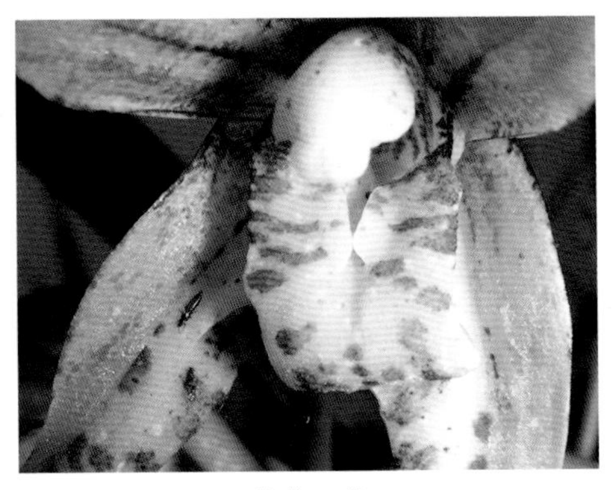

○蓟马○

蓟马会侵害任何柔软的叶丛，也侵害花朵。被害处常呈黄色斑点或块状斑纹，严重时使得嫩芽、心叶凋萎，叶片和花瓣卷曲、皱缩、枯黄脱落。蓟马还会分泌一种淡红色的液体，一段时间后变成黑色，黏在叶片或花上。

防治方法：用放大镜经常检查，摘除去受害严重的叶子和花；使用适宜的杀虫剂，如吡虫啉。

6. 白粉虱

白粉虱的虫体很小，成虫仅有1毫米多长，大的也只有约3毫米。成虫有翅膀，在叶背产卵，大量的幼虫随后孵出。幼虫看上去像淡绿色或透明的鳞片。幼虫和成虫主要群集在叶背，靠吸吮汁液为生，也会分泌黏性的“蜜汁”。

防治方法：刚孵化的幼虫可以用叶面清洁的办法一起除杀。白粉虱成虫会飞，难以除去，用适宜的杀虫剂（如吡虫啉）效果佳。

7. 菜青虫

菜青虫呈绿色，成虫就是我们一般所见的蝴蝶，称为菜粉蝶。在阳台上容易发生，当看到有菜粉蝶在盆花上飞来飞去时，就表明它要在上面产卵。菜青虫的口器属于咀嚼式，会造成叶缘缺刻、叶中穿孔。

○菜青虫○

防治方法：戴手套用手指抓走弄死，或抓出来后再用喷杀蟑螂的喷雾剂直接喷杀。怕手抓虫的人，可用两根小棒把虫夹走杀死。

8. 卷叶蛾

卷叶蛾的幼虫绿色、细长、有毛，长13~25毫米，在阳台上的盆花容易发生。幼虫能吐出一种黏性的丝把一片叶卷成筒状，或者把几片叶黏卷在一起，然后自己藏在里面，饿时爬出来吃食附近的叶和茎等。

○卷叶蛾○

防治方法：用手指夹住卷筒或卷叶捏死幼虫，再把卷筒或卷叶摘去。

9. 潜叶蝇

成虫为小型蝇子，用产卵器将卵产于嫩叶背面边缘的叶肉里，尤以近叶尖处为多。幼虫孵化后就开始向内潜食叶肉。随着虫体的增大，潜食隧道也日益加粗。隧道曲折迂回，没有一定的方向，在叶上形成花纹形灰白色条纹，俗称“鬼画符”。潜叶蝇在菊花、瓜叶菊、非洲菊等上最常见。另外还有一种害虫叫潜叶蛾，危害花卉时也好像潜叶蝇，具有相似的症状。

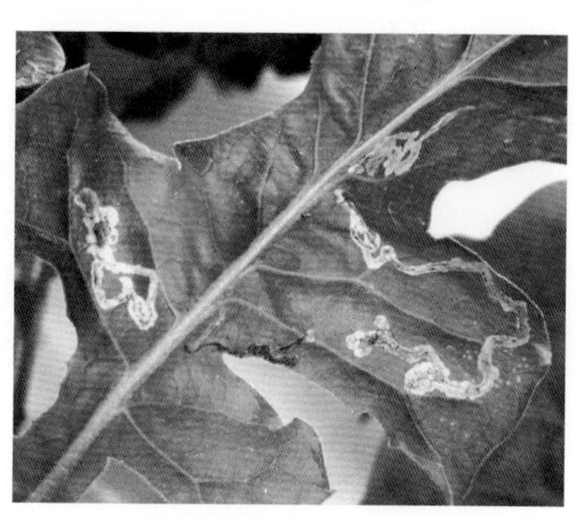

○潜叶蝇危害的症状○

防治方法：摘去已经受感染的叶子；使用适宜的杀虫剂，如阿维菌素。

10. 灰巴蜗牛和野蛞蝓

灰巴蜗牛和野蛞蝓属于软体动物。灰巴蜗牛体外有一螺壳，呈扁圆球形。野蛞蝓又叫鼻涕虫，成虫体长可达2厘米，爬行时可伸得更长，灰褐色或黄白色，有2对触角。两种害虫主要吃食叶片和花瓣，造成孔洞或缺刻，排出的粪便还会造成污染，引起叶花腐烂。

○灰巴蜗牛○

灰巴蜗牛和野蛞蝓都喜阴湿，如遇雨天，昼夜活动危害盆花。在干旱时，白天潜伏盆土中或盆底，夜间出动危害。其爬过的地方会留下黏液，发亮可见。

防治方法：人工捕捉杀死，注意也要抬起花盆检查盆底；在盆土上和盆底撒一层生石灰粉；用四聚乙醛颗粒剂或聚醛·甲萘威颗粒剂撒在盆土上。

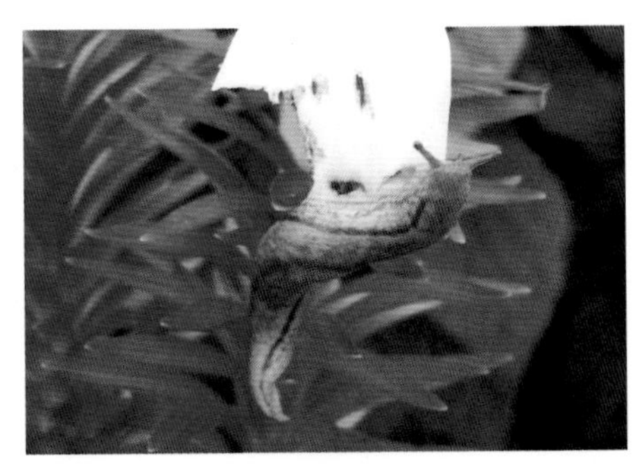

○蛞蝓○

11. 斜纹夜蛾

斜纹夜蛾的幼虫体长可达5厘米，头部黑褐色，胸部多变，从土黄色到黑绿色都有，体表散生小白点。它是一种杂食性害虫，许多花卉都会受害，属于咀嚼式，危害叶片时会造成叶缘缺刻、叶中穿孔，也会吃食花和果实。初孵时聚集叶背，大时通常白天躲在叶下土表处或土缝里，傍晚爬到植株上取食叶片。所以当白天看到植株器官受害而见不到有虫时，就要检查盆土。

○斜纹夜蛾○

防治方法：戴手套用手指抓走弄死，或抓出来后再用喷杀蟑螂的喷雾剂直接喷杀。怕手抓虫的人，可用两根小棒把虫夹走杀死。

阳台盆花的换盆

换盆时期

通常在4种情况下需要换盆：一是有的盆花因为不断长大，一定时间后根

群在培养土中已无再伸长的余地，因而生长受到限制，一部分根系从排水孔中穿出，因此必须从小盆换入大盆中，以扩大根群的营养容积，有利于植株继续健壮生长。二是对于一些丛生性强的草花，分枝会越长越多，以至长满盆，没有再扩展的空间，根群在培养土中也无再伸长的余地，此时也需要进行换盆。换盆时通常结合分株，而盆的大小不换。三是已经充分成长的植株，经过长时间养植，原来盆中的培养土物理性质变劣，养分基本利用完毕，或者培养土为根系所充满，需要修整根系和更换培养土，而盆的大小也不需更换。四是对于彩叶草、橡胶榕、朱蕉类等一些多年生盆花，栽培时间长了，枝条或很长难看，或下部的叶会脱落而显得植株下部空荡荡的，此时可以结合重剪短截进行换盆，让其重新萌发侧枝。剪下的枝条可顺便用于扦插繁殖。

换盆注意事项

换盆时要注意两个问题：一是盆的大小要选择适宜，按植株生长发育速度逐渐换到大盆中；二是根据盆花种类来确定换盆的时间和次数，过早或过迟换盆对生长发育都不利。一般来说，一二年生草花生长迅速，在开花前要换盆2~4次；宿根草花大都每年换1次盆；木本花卉可1~3年换1次盆。通常春秋两季是适宜换盆的季节。一般春季开花的宜秋天换盆，秋天开花的宜春季换盆。

换盆方法

换盆之前要把盆株从原盆中取出来。较小的花盆可用手抓住盆，在地上稍用力磕打，需要旋转花盆磕打，使盆土与花盆松离，然后用一只手把住盆株，另一只手将花盆反扣过来，把花盆去掉，土团就可脱出。较大的中型花盆只用左手常无力将整盆托住，这时可以用双手托住盆土把花盆反翻过来，将盆沿的一侧轻轻地在地上边磕数下，即可将土团脱出。

脱盆后，松开土球四周的根，剥掉土球四周50%~70%的旧盆土，剪去烂根及部分老根和长根，然后基本上按上盆的方法进行。

有时换盆时不剥落原有土球，保持根系完好，放入大盆中，再填入新的培养土。此法亦有人称之为套盆。

如果植株太大而不好进行换盆，或者因为环境的原因不方便进行换盆时，

① 抓住花盆稍用力在地上磕打

② 将花盆反扣过来

③ 揭去花盆

④ 剥掉部分旧盆土

⑤ 剪去部分根

⑥ 经处理后的植株

⑦ 栽种在新盆里

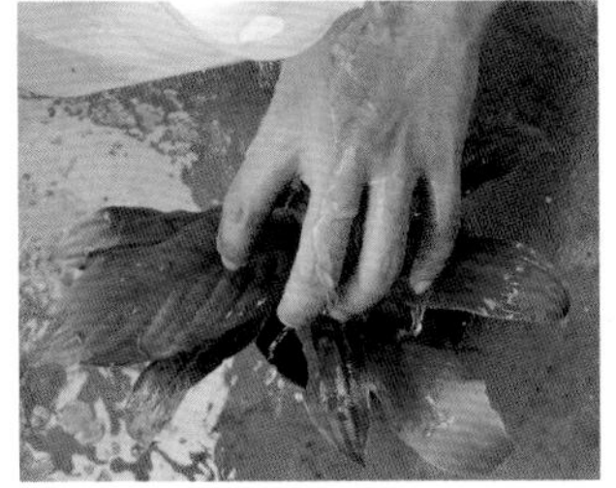

⑧ 冲洗干净叶片

⑨浇透水

○绿巨人换盆步骤○

也可以进行换表土，即把表土铲松（松到有根时就不要再松下去了），去掉表土，再填入新的培养土，之后充分浇水。

① 铲松表土

② 去掉表土

③ 填入新土

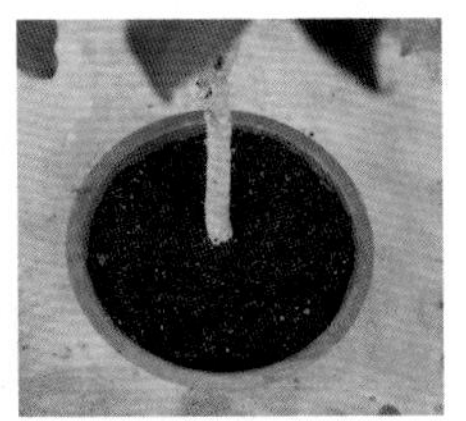

④ 表土换完毕

○幌伞枫换表土步骤○

阳台易养花卉栽培经验

仙客来

市场价位：★★★☆☆
光照指数：★★★☆☆
浇水指数：★★★☆☆
施肥指数：★★☆☆☆

仙客来又叫兔子花、兔耳花、一品冠，报春花科球根草本植物。花期冬春季。花单生于花茎顶部，花瓣蕾期先端下垂，开花时上翻，形似兔耳。杂交品种相当多，花色有紫红、玫红、绯红、淡红、雪青及白色等，基部常具深红色斑，花瓣边缘多样。

上盆

家庭宜在秋季直接购买开花盆株回来观赏，花期结束后就把植株扔掉，在此期间无须换盆。

光照

喜欢半阴，忌强烈的阳光直接照射，购买回来的开花株可摆放在北面和东面阳台。

温度

秋植球根花卉，喜欢较冷凉的天气，生长适温为10~20℃。在夏天高温的地方，地上部分会枯死，剩下地下的块茎部分进入休眠。也不很耐寒，冬天温度要保持在6℃以上。6℃以下生长不良。

浇水

生长期待盆土表面约1厘米深处干了再浇水，绝对不要从叶子上浇水，因为把水浇到块茎上面很容易使块茎腐烂。下雨时也需要避雨。植株长满盆的时候，最好的浇水方法就是浸盆。

施肥

购买回来的开花株观赏时间可长达2~3个月，每半个月向盆土施1次氮：磷：钾为1：1：1的复合肥。

修剪

注意剪去植株基部的枯黄叶，开花后及时除去残花。除残花时，只要抓紧花茎，用力一拉就可把花茎一起扯去。

繁殖

有兴趣者可尝试自留种球。到春季时逐渐减少浇水次数，春末夏初叶子开始枯黄时完全停止浇水，把盆株移至防雨的角落处存放。到初秋再把休眠的块茎从盆中取出，重新上盆即可。

病虫害

主要有炭疽病、白绢病、枯萎病、灰霉病、细菌性软腐病、蚜虫、红蜘蛛、蓟马等。

花|匠|秘|诀

浇水时不可浇在叶子上，以免块茎顶部叶芽腐烂而枯萎。

朱顶红

市场价位：★★☆☆☆
光照指数：★★★★★
浇水指数：★★★☆☆
施肥指数：★★☆☆☆

朱顶红又叫朱顶兰、孤挺花、华胄兰、百枝莲、百子莲，石蒜科多年生球根草本植物。花期春季，伞形花序着生花茎顶端，花朵喇叭形，2~6朵相对开放。杂交品种多，花有单瓣和重瓣之分，花色有大红、暗红、淡红、橙红、紫红、蓝、白、白中带红条、洒金、镶边等。

上盆▶

适宜使用含土基质。

光照▶

全日照、半日照下均理想，适于种植在东面或南面阳台。

温度▶

喜温暖至高温，生长适温为15~30℃。冬季停止生长进入休眠，在华南冬季温暖地区，叶子可能还保持绿色，在寒冷地区叶子会全部枯萎。休眠期适宜的温度为5~10℃。

浇水▶

喜湿润，但是怕涝。春季开始生长时，等盆土一半深处干了再浇水，进入旺盛生长时等盆土表面干了即浇水。秋季减少浇水次数。如果冬季叶子还保持绿色，在冬季偶尔浇1次水即可。在叶子会全部枯萎的地区，大约从秋分开始就完全停止浇水，等叶子全部枯萎后，把枯萎叶全部剪去，将盆移至防雨的角落处存放即可。

施肥▶

从春季叶片开始生长起，一直到秋季，可每半个月给盆土施1次少量的氮：磷：钾为1：1：1的复合肥。冬季休眠期停止施肥。

修剪▶

主要剪去基部的枯黄叶及残花茎。

繁殖▶

母株会从基部周围长出小鳞茎。结合换盆，把小鳞茎摘下，种在花盆中。此后每年早春要换更大的盆。当鳞茎长到8~9厘米大小时，就会开花。

病虫害▶

主要有红斑病、炭疽病、锈病、花叶病、叶枯病、鳞茎细菌性软腐病、介壳虫、斜纹夜蛾等。

换盆▶

在早春把休眠的植株从盆中取出，保持鳞茎下的根团完整，只去掉上面及根团内一些旧土，然后用新土种在约18厘米口径的花盆即可。注意鳞茎顶部要露出土面。

花|匠|秘|诀

尽量置于阳台阳光充足的位置。每年早春把休眠的植株从盆中取出进行换盆。

长寿花

市场价位：★★★☆☆
光照指数：★★★★☆
浇水指数：★★☆☆☆
施肥指数：★★☆☆☆

长寿花又叫寿星花、圣诞伽蓝菜，景天科多年生肉质草本植物。聚伞花序，花梗顶端小花簇生成团，一簇多达数十朵。品种多，株型大小有些差异，花色有绯红、桃红、橙红、黄、橙黄、紫红、白等。花期冬春季。

上盆

适宜使用含沙子多一些的含土基质。几株不同花色的品种种在一个盆里更加漂亮。

光照

全日照、半日照均理想。光照充足时植株矮壮、花色艳丽，光照较低时叶色比较翠绿，光照过低则茎叶柔软细长、开花少而小。东面、南面和北面阳台都适合种植。

温度

喜温暖，生长适温为15~20℃，冬季温度不低于5℃。夏季高温超过30℃以上时，植株容易徒长，茎叶松散。

浇水

耐干旱怕湿，平时等盆土上半部干了再浇水。冬季温度低时可等盆土完全干了再浇水。

施肥

从春至秋季每20天左右向盆土中施1次少量的氮：磷：钾为1：1：1的复合肥。冬季不要施肥。

修剪

扦插苗在上盆3~4周后摘心1次。开谢的残花及时剪去，长枝条则进行短剪。

繁殖

春季把枝条顶端剪下，去掉基部叶子，放在阴凉处1~2天，让切口愈合后再扦插，基质可用泥炭与河沙等量混合起来。扦插期间不要让基质经常处于过湿状态，否则插穗基部容易腐烂。

病虫害

主要有白粉病、叶枯病、蚜虫、介壳虫、红蜘蛛等。

换盆

每年春季将植株换入到更大一些的盆中。

花匠秘诀

浇水不宜太频繁，否则容易烂茎。每年春季要换盆。

长春花

市场价位：★★☆☆☆
光照指数：★★★★★
浇水指数：★★★☆☆
施肥指数：★★★☆☆

长春花又叫五瓣梅、日日新、日日春、四时花，夹竹桃科多年生草本植物或亚灌木，常作一二年生栽培。花玫瑰红，花冠高脚碟状，5裂，花朵中心有深色洞眼。目前栽培的主要是杂交品种，花色有紫红、红、白等，也有白色红心的。在冬季温暖地区露地栽培时，全年均可开花。

上盆

适宜使用含土基质。播种苗开始用直径8厘米的花盆上盆。

光照

喜欢阳光充足的环境，阳光充足时叶片苍翠有光泽，开花茂盛、花色鲜艳；若光照不足，则叶片萎黄，植株长得细高，分枝也少。南面阳台最适于种植，东面和西面阳台也可种植。

温度

喜温暖至高温，生长最适温度为20~33℃。不耐寒，冬季温度最好保持在6℃以上。一般只作为一年生栽培，特别是在寒冷地区，在秋季温度下降到植株寒害落叶后就扔掉。

浇水

平时待盆土表面一干时就浇水，冬天温度低时待盆土表面2厘米深处干后再浇水。

施肥

从春至秋每20天左右施1次氮：磷：钾为1：1：1的复合肥，冬季不要施肥。

修剪

上盆后的幼苗要摘心2次，促使多发侧枝，多开花。幼苗有3～5对真叶时摘心1次，新分枝长出3～4对叶子时进行第二次摘心，留下2对叶子即可。开花后要及时剪去残花残梗。植株太高或下部落叶多时株形不好看，可予以重剪，让其重新萌芽更新。

繁殖

可用扦插和播种进行繁殖，播种繁殖更好，能够开更多的花。春季播种，苗高有2～3对真叶时移植上盆。

病虫害

主要有叶斑病、叶腐病、锈病、灰霉病、红蜘蛛、蚜虫、斜纹夜蛾等。

换盆

播种苗生长快，最好每2个月换一次较大的盆，直到换到最大的花盆（直径15厘米）为止。

花匠秘诀

要把盆株放在阳光充足的地方，促其多开花。幼苗应当摘心，老株必须重剪。

簕杜鹃

市场价位：★★☆☆☆
光照指数：★★★★★
浇水指数：★★★☆☆
施肥指数：★★★☆☆

簕杜鹃又叫三角梅、叶子花、九重葛、宝巾花、三角花，紫茉莉科常绿攀援灌木。观赏的主要部分其实是花下大而有色彩的苞片，通常三枚合生，一般人误以为是花瓣。杂交品种多，苞片颜色有红、粉红、橙红、黄、白、紫、紫红等或单苞双色。花期因品种而异，全年均能见花，但大多数品种集中于10月至翌年3月。

上盆▶

适宜使用含土基质。

光照▶

喜欢阳光充足的环境，阳光充足时开花茂盛，花色鲜艳。南面阳台最适于种植，西面和东面阳台也可种植。

温度▶

热带植物，喜高温，不耐寒冷，忌霜冻。冬季温度太低时会落叶。

浇水▶

能耐水湿，亦较耐旱，但是盆土经常太湿会使枝叶生长旺盛，而对开花则不利；让土壤干旱些，容易开花。如果到接近开花期没有开花迹象，此时须减少浇水次数。

施肥▶

对盆土肥力的要求不太高，过肥沃会导致枝叶太多而不易开花。从春至秋每个月施1次氮：磷：钾为1：1：1的复合肥。

修剪▶

幼苗上盆后摘心2~3次，促发多分枝。成株萌芽力极强，易发生徒长枝（枝条长得比一般枝条要快而且长），要随时剪去徒长枝。开花前枝条太多太密时，可剪去一些重叠枝、过密枝、细弱枝等，剩下的枝条如果太长还可把它们进行盘卷。开花后或者在换盆时，应剪去枯枝、过密枝，对其余枝条再重剪，可剪去2/3，甚至更多些，以矮化植株。由于枝条生长快，如果想让开花株矮一些，那么在夏初再把枝条短剪，等侧枝大量萌发后再适当地疏剪。

繁殖▶

春季用较老的枝条进行扦插繁殖，容易成活。

病虫害▶

主要有叶斑病、褐斑病、枯梢病、介壳虫、蚜虫等。

换盆▶

每1~2年换一次较大的盆，直到不适合再换盆以后，只换表土。

花|匠|秘|诀

要尽量把盆株放在阳光充足的地方。浇水不要太频繁，特别是在即将开花的季节。

龙吐珠

市场价位：★★☆☆☆
光照指数：★★★★☆
浇水指数：★★★☆☆
施肥指数：★★★☆☆

龙吐珠又叫珍珠宝莲、麒麟吐珠，马鞭草科多年生常绿藤本植物。花开时鲜红色的星形小花从白色的花萼顶端绽开露出，红花与白萼交相辉映，十分引人注目。花期在春夏和初秋。

上盆▶

适宜使用含土基质。用略小些的花盆种植，花开得更好。

光照▶

喜欢阳光充足的环境，但也怕夏季烈日直射，最适宜在东面阳台种植。在南面阳台种植时，则在夏季需有适当的遮阴，或者把盆株移至烈日直射不到的位置。

温度▶

喜高温，耐热性强，生长适温为22~30℃；耐寒力差，冬季寒流侵袭会有落叶现象。冬季越冬温度最好在5~13℃。

浇水▶

喜湿润，平时待盆土表面一干时就浇水，空气干燥期间要经常向叶面喷水。冬天休眠期保持盆土不完全干掉即可。

施肥▶

从春至秋每半个月施1次氮：磷：钾为1：1：1的复合肥，冬季不须施肥。

修剪▶

幼苗要摘心，以促发多分枝。每次花谢之后，将花茎连同枝条短剪，即可再生新枝开花。每年结合换盆或在早春2~3月对植株进行强剪，将枝条大半部分剪除，让其春暖后重新萌发新枝。

繁殖▶

春季用枝条进行扦插繁殖。

病虫害▶

主要有叶斑病、灰霉病、锈病、白粉病、病毒病、白粉虱、介壳虫、蚜虫等。

换盆▶

每年春季换1次较大的盆，最大的花盆直径有20厘米即可，以后换盆时则只需换土。

花|匠|秘|诀

每年春季换1次盆，并且对植株重剪。

百合

市场价位：★★★☆☆
光照指数：★★★★★
浇水指数：★★★☆☆
施肥指数：★★☆☆☆

百合，百合科球根草本植物，地下具有肉质鳞茎。花大，单生、簇生或为总状花序，有的具有芳香或浓香。目前栽培的多为杂交品种，花色有白、黄、粉、红等多种。

上盆▶

通常秋植，冬春开花，夏季球根休眠。秋季把购买回来的新球，单个种植用直径10~12厘米的花盆即可，基质由泥炭和沙子各半混合而成。最好每年都购买新球，开完花后就扔掉。

光照▶

喜阳光充足的环境，适于南面阳台种植。开花后可置于室内明亮处观赏。

温度▶

属于秋植球根花卉，喜欢较冷凉的环境，生长适温为15~25℃。冬天植株生长期温度最好保持4℃以上。

浇水▶

生长期待盆土表面约1厘米深处干了再浇水。如果要自留种球，进入休眠期减少浇水次数，完全休眠时停止浇水。

施肥▶

长出叶子之后每半个月向盆土中施1次氮：磷：钾为1：1：1的复合肥，开花后停止施肥。如果要自留种球，在进入休眠期之前也需要进行施肥。

修剪▶

开花后需要对花枝进行立柱支撑。如果要留种球，等开花后把残花剪去，按正常管理，让其自然进入休眠期。等叶子完全枯萎后，把茎全部剪去，将盆移至防雨的角落处存放即可，其间温度不要低于0℃。

繁殖▶

植株休眠前，在老鳞茎外围会长出一些小鳞茎，虽然可把这些小鳞茎分离下来种植，但是要种植3年才可长成大鳞茎，不适于家庭采用。

病虫害▶

主要有叶斑病、叶枯病、立枯病、锈病、灰霉病、蚜虫、红蜘蛛、介壳虫、白粉虱等。

换盆▶

可以尝试自留种球。不过，自留的鳞茎会逐年退化，植株生长和开花会越来越差，观赏价值下降。

花|匠|秘|诀

要放在阳光充足的地方，植株才会生长健壮，而且花色艳丽。

水仙

市场价位：★★★☆☆
光照指数：★★★★★
浇水指数：★★★★★
施肥指数：★☆☆☆☆

水仙又叫中国水仙花，石蒜科球根草本植物。地下部具有卵球形的鳞茎，外被褐色干膜质薄皮。开花的多为5片或4片叶，叶片多的常不开花。每球一般抽花1~7枝，花枝从叶丛间抽出，伞形花序，通常有小花5~7朵，多者可达10余朵，具浓香。

把购买回来的水仙头，小心去掉残留的泥土和褐色外皮，尽量不要让旁边的小鳞茎脱落，然后放入专门的水仙盆中，加水即可。每年栽种都要重新购买新球。

光照

水仙花为秋植球根花卉，喜阳光。家庭通常把种球购回用水养在春节开花观赏，一般在节前25~30天开始水养。水养期间要放在南面阳台上接受太阳光照射，植株才能够生长健壮。阳光不足时易徒长。开花后可置于室内观赏摆放。

温度

冬天温度宜保持在5℃以上。

浇水

水养时水淹没种球基部的鳞茎盘即可，生长期间注意补水。

施肥

可以不施肥，花谢后就把植株扔掉。

修剪

只要在开花期间，把开残的小花朵随时剪去。

繁殖

家庭不宜尝试。

病虫害

由于从水养到开花时间短，一般没有什么病虫害。

花匠秘诀

要放在阳光充足的地方，否则叶片会变长、柔弱，颜色变淡，花茎徒长，不健壮。

鸳鸯茉莉

市场价位：★★☆☆☆
光照指数：★★★★★
浇水指数：★★★★☆
施肥指数：★★★☆☆

鸳鸯茉莉又叫双色茉莉、二色茉莉、番茉莉，茄科鸳鸯茉莉属常绿小灌木，原产美洲热带地区。花刚开放时呈蓝紫色，然后蓝紫色逐渐变淡，最后几乎变为白色。由于花开有先后，在一株上能同时见到蓝紫色和白色的花，因此得名。花期5~6月、10~11月。

上盆▶

适宜使用含土基质。用较小一些的花盆来种植，以限制根系的生长，花开更好。

光照▶

要开好花，需要阳光充足的环境，所以适于南面和东面阳台种植。但置于南面阳台上的植株，在盛夏的中午前后宜稍遮阴或把植株移到烈日直射不到的位置，因为强光暴晒时叶易黄。

温度▶

喜高温多湿，生长适温为18~30℃。畏寒冷，冬天温度最好保持在5℃以上。

浇水▶

喜湿润，平时等盆土表面约1厘米深处干了就可浇水，空气干燥时每天都要向叶片喷水。冬天温度低时，可等到盆土全干了再浇水。

施肥▶

平时每半个月施1次氮：磷：钾为1：1：1的复合肥，冬天温度低时停止施肥。

修剪▶

幼苗上盆后，摘心1~2次，促发多分枝。平时注意剪去基部老化枯黄的叶子。花谢后及时剪去残花及轻剪残花枝。耐修剪，植株保持30~40厘米高的圆形树冠较美观。在春季换盆前对植株重剪，可把地上部分剪去1/2~2/3。

繁殖▶

在春季，剪取约8厘米长的枝梢作插穗，去掉下部叶片，插在基质中，放在有遮阴的地方，保持基质湿润和较高的空气湿度，5~6周可生根。

病虫害▶

主要有叶斑病、白粉病、蚜虫、介壳虫、红蜘蛛等。

换盆▶

每年春季把植株换到稍大些的花盆中，甚至只换土而盆的大小不变。

花|匠|秘|诀

天气干燥时要经常向叶片喷水。用较小一些的花盆种植利于开花。每年春季结合换盆对植株重剪。

郁金香

市场价位：★★☆☆☆
光照指数：★★★★★
浇水指数：★★★☆☆
施肥指数：☆☆☆☆☆

郁金香又叫洋荷花、牡丹百合、草馨香，百合科球根草本植物。地下有扁圆锥形的肉质鳞茎，外面有一层棕褐色的皮膜。花茎从叶中间长出，顶端着生一花朵，花瓣6片。杂交品种相当多，花色则有红、粉、白、褐、黄、紫、橙、黑、绿斑和复色等，唯缺蓝色。

上盆

使用泥炭直接种植即可。把购买回来的新球直接上盆，鳞茎顶端要刚好露出土面。通常把几个鳞茎种植在一个花盆里，观赏价值更高。

光照

喜阳光充足的环境，光照不足时生长开花不良，因此适于南面阳台种植。开花后可置于室内观赏。

温度

性喜冷凉，不耐热，一般在秋冬季播种种球，冬季温度保持在5℃以上。开花之后，地上部分会慢慢枯死，地下部分留下鳞茎。

浇水

一般见到盆土表面干了就浇水，但盆里不可积水。

施肥

可以不施肥，花谢后就把植株扔掉。每年都要购买新球，这种新球是经过特殊处理的，种植20~30天后就开花，因此不必施肥。

修剪

不需要怎么修剪。花茎易弯时须立柱支撑。

繁殖

有兴趣者可尝试自留种球。植株开完花后留在阳台上，剪去残花茎，施一些氮：磷：钾为1：1：1的复合肥，按正常浇水。进入休眠期减少浇水次数，等地上部完全枯萎时把它们剪去，并且停止浇水，把盆株移至防雨的角落处存放。到初秋再把休眠的鳞茎从盆中取出，重新上盆，但是要到仲冬或冬末才能开花。

病虫害

每年都重新购买经过特殊处理的新球种植，从种植到开花时间短，一般没有什么病虫害。

花匠秘诀

要放在阳光充足的地方，植株才会生长健壮，而且花色艳丽。

铁海棠

市场价位：★★☆☆☆
光照指数：★★★★★
浇水指数：★★★☆☆
施肥指数：★★★☆☆

铁海棠又称虎刺梅、麒麟刺、麒麟花，大戟科多刺直立或稍攀援性小灌木。分枝多，茎粗1厘米左右，有白色汁液。冬季温度足够时，四季都能开花。花有长柄，有2枚红色苞片，直径约1厘米。蒴果扁球形。品种比较多，花色有红、黄、橘、粉红、白等。

上盆▶

适宜使用加入1/3河沙的含土基质。上盆操作时要戴手套，防止手直接接触到乳汁及被刺刺伤。

光照▶

喜阳光充足的环境，阳光越充足则花色越鲜艳、花期越长，因此适于南面阳台种植。

温度▶

喜温暖，不耐寒，温度较低时会落叶。冬季温度最好保持在8℃以上。

浇水▶

浇水过多会导致根和茎腐烂，也不要等到盆土全干了才浇水，否则容易造成落叶。平时可等盆土约3厘米深处干时再浇水；冬季温度低于15℃时，可等盆土约一半深处干了再浇水。

施肥▶

每个月施1次氮：磷：钾为1：1：1的复合肥，冬季温度低停止施肥。

修剪▶

上盆后的植株需要摘心。摘心次数多，分枝也多。栽培时间长了株形不好看，下部叶落光而显得空荡时，可结合换盆对老株修剪。因其幼茎柔软，也可进行绑扎造型。

繁殖▶

春季或初夏，切取约8厘米长的枝条顶端，基部放在水里洗去白色乳汁，阴干1天让伤口愈合后再扦插。基质可用泥炭与河沙等量混合制成。扦插期间基质不要太湿，否则基部容易腐烂，可等盆土一半深处干了再浇水。扦插后5~8周可生根。

病虫害▶

病虫害较少，主要有茎枯病、红蜘蛛、介壳虫、粉虱等。

换盆▶

每2年在春季换一次更大的盆。

花|匠|秘|诀

要把盆株放在阳光充足的地方。浇水不要太频繁。每年春季要把植株短剪，然后换盆。

含羞草

市场价位：★★☆☆☆
光照指数：★★★★☆
浇水指数：★★★★☆
施肥指数：★★★☆☆

含羞草又叫知羞草、呼喝草、怕丑草，为豆科多年生草本或亚灌木。时间长了茎基部呈木质化。由于其小叶子轻轻碰触就会合拢，甚至整个叶子都会垂下，因此得名。花期4~10月，花茎上有多朵粉紫红色的花，每朵花密生细花丝，圆球形，形如细绒球，直径6~13毫米。荚果扁平，种子扁圆形。

上盆▶

适宜使用含土基质。幼苗约5厘米高时，用直径为12~14厘米的花盆定植即可，太大的花盆反而会让株形不好看。起苗时尽量带多泥土，不要损伤根系。作为一年生栽培，上盆以后不再需要换盆。

光照▶

喜欢阳光充足的环境，适于南面和东面阳台种植。

温度▶

含羞草原产美洲热带地区，生长适温为20~30℃。不耐寒，冬季宜保持在10℃以上。属于多年生植物，若冬季温度适宜可栽培多年，但是由于栽培时间长了株形不好看，而且冬季越冬麻烦，加上它易结果且播种很容易，所以一般只作为一年生栽培，家庭栽培当获得种子以后就把植株扔掉。

浇水▶

具有比较强的耐盆土干旱能力，每次可等盆土表面约3厘米深处干了再浇水，空气干燥时经常向植株喷细雾。

施肥▶

每半个月向盆土中施1次氮：磷：钾为1：1：1的复合肥。

繁殖▶

一般在春季播种，容易成功。

病虫害▶

主要有叶斑病、锈病、红蜘蛛、介壳虫等。

花|匠|秘|诀

不要用太大的花盆来种，否则不利于开花。

白掌

市场价位：★★☆☆☆
光照指数：★★☆☆☆
浇水指数：★★★★☆
施肥指数：★★☆☆☆

白掌又称白鹤芋、银苞芋、一帆风顺，天南星科多年生常绿草本植物。地下有很短的根状茎，由根茎上簇生出绿色长椭圆形的叶子。花期2~6月。掌状的佛焰苞片白色，可维持约1个星期，之后逐渐转为浅绿色，可继续观赏6周。与白掌相接近的还有香水白掌、小叶白掌、神灯白掌等，也可简称为白掌。

上盆▶

对基质要求不高，含土基质或无土基质都很适合。

光照▶

以明亮的光线为佳，适于北面阳台种植。耐阴性强，阳台较暗的位置也适宜摆放。

温度▶

喜欢温暖，冬天温度最好保持在10℃以上。

浇水▶

平时待盆土表面约1厘米处干了就浇水。喜欢较高空气湿度。对干燥的空气特别敏感，应当每天向叶面多次喷水。最好把花盆放在装有石子和水的浅碟上，并且经常向叶面喷水。冬天温度低时，减少浇水次数，等到盆土约一半干时才浇水，但也不要让盆土完全干掉才浇。

施肥▶

春夏秋每半个月施1次氮：磷：钾为（2~3）：1：2的复合肥，冬天温度低时停止施肥。

修剪▶

主要是随时剪去基部枯黄的叶子。

繁殖▶

在春季进行分株繁殖，轻轻扯断根茎，每段至少要附有两三片叶，直接种植上盆即可。

病虫害▶

主要有叶斑病、炭疽病、根腐病、灰霉病、红蜘蛛、介壳虫、蛞蝓、蜗牛等。

换盆▶

如果是幼株，可在春季换大些的盆。

花匠秘诀

不能够让阳光直接照射。空气湿度太低时，应当每天向叶面喷水多次。

广东万年青

市场价位：★☆☆☆☆
光照指数：★★★☆☆
浇水指数：★★★★☆
施肥指数：★★☆☆☆

广东万年青又名粗肋草、亮丝草，天南星科多年生常绿草本植物。叶互生，叶柄较长，基部扩大成鞘状。叶片暗绿色，椭圆状卵形，边缘波状，顶端渐尖至尾尖状，叶片长15~30厘米。花期夏秋，佛焰花序，没有多大的观赏价值。

上盆▶

一般园土均可栽培，但以富含腐殖质、疏松透水性好的砂质壤土最好。

光照▶

喜欢明亮的光线，怕强烈的阳光直接照射，适于北面阳台种植。在北面阳台，要避免夏季阳光直射。

温度▶

喜欢温暖的环境，不太耐寒，冬天温度须保持在5℃以上。温度过低，容易受冻害。

浇水▶

平时待盆土表面约2厘米处干了就浇水，天气干燥时要经常向叶面喷水，或者把花盆放在装有石子和水的宽浅碟上。冬天温度低时等到盆土全部快干了才浇水。若盆土过湿，叶片易黄化，并引起根部腐烂。

施肥▶

春夏秋每个月施1次氮：磷：钾为（2~3）：1：2的复合肥，冬天温度低时停止施肥。

修剪▶

平时主要是剪去基部枯黄的叶子。植株太高，不大美观时予以短剪，让其重新萌发侧枝，或者淘汰旧株重新扦插。

繁殖▶

在春季进行分株或扦插繁殖。扦插可用顶端枝条扦插，或用老茎切段扦插。

病虫害▶

主要有炭疽病、叶斑病、红蜘蛛、蛞蝓、蜗牛等。

换盆▶

如果是幼株，可在春季换大些的盆。较老的植株每2年换1次盆。一般用直径13~15厘米的花盆就够了。换盆时可结合进行分株。

花匠秘诀

空气湿度低于60%时，要经常向植株喷水。枝条或植株太高时，进行短剪矮化。

滴水观音

市场价位：★★☆☆☆
光照指数：★★☆☆☆
浇水指数：★★★★★
施肥指数：★★☆☆☆

滴水观音又叫海芋、野芋、老虎芋、姑婆芋，天南星科多年生常绿草本植物。叶大，阔卵形，革质，着生于茎顶。花期4~5月，花梗成对由叶鞘中抽出，佛焰苞黄绿色，没有什么观赏价值。

上盆▶

对基质要求不严。

光照▶

喜欢明亮的散射光，适于东面和北面阳台种植。耐阴性强，阳台较暗的位置也适宜摆放。忌阳光直射，否则叶片被灼伤，会变黄色。

温度▶

喜欢温暖，冬天温度最好保持在5℃以上。

浇水▶

喜欢湿润，平时待盆土表面一干就浇水，气候干燥时经常向叶面喷水。冬天可等盆土约一半干时再浇水。滴水观音也可直接用水养，水养期间2~3天换水1次。

施肥▶

春夏秋每半个月施1次氮：磷：钾为2：1：1的复合肥，冬天温度低时停止施肥。

修剪▶

平时要注意剪去基部的枯黄叶。随着茎的不断长高或长长，下部叶会脱落，下部变成有明显叶痕的光杆，株形不好看，此时可予以重剪，以矮化植株和促发分枝，也可重新扦插来更新。

繁殖▶

在春夏季进行分株繁殖或用根茎扦插繁殖。

病虫害▶

病虫害不多，主要有叶斑病、炭疽病、介壳虫等。

换盆▶

每年春季换到更大些的花盆中。

花|匠|秘|诀

空气湿度太低时，应当每天向叶面多次喷水。

富贵竹

市场价位：★★☆☆☆
光照指数：★★★☆☆
浇水指数：★★★★☆
施肥指数：★★☆☆☆

富贵竹又叫仙达龙血树、万年竹等，龙舌兰科常绿小乔木。茎叶形态酷似翠竹。叶互生，浓绿色，基部鞘状紧密抱茎。有观叶价值更高的斑叶品种，如叶片边缘有黄色宽条斑的金边富贵竹，叶片两侧有白色宽条斑的银边富贵竹，叶中间有白色条斑的银心富贵竹等。富贵竹粗生粗长，可直接水养。其茎干还可造型或加工，做成富贵竹塔、弯竹等。

上盆▶

用含土基质栽培更佳。

光照▶

喜欢明亮的光线，适宜北面阳台种植。

温度▶

喜温暖的环境，耐寒力差，冬天温度最好保持在6℃以上。

浇水▶

喜湿润，平时待盆土表面一干就浇水。特别喜欢较高的空气湿度，气候干燥时尽量把花盆放在装有石子和水的浅碟上，并且经常向叶面喷水。冬天温度低时可等盆土约3厘米深处干时再浇水。

施肥▶

春夏秋每半个月施1次氮：磷：钾为（2~3）：1：2的复合肥，冬天温度低时停止施肥。

修剪▶

平时要注意剪去基部的枯黄叶。随着茎的不断长高，下部因叶不断老化脱落而成为光秃秃的茎干，此时可予以短剪，让其重新萌发侧枝，或者把顶端枝条剪下扦插来更新植株。

繁殖▶

在春夏季进行扦插繁殖。顶端枝条及茎段都可作为插条，用顶端枝条扦插要更加注意维持较高的空气湿度。

病虫害▶

主要有炭疽病、叶斑病、灰霉病、茎腐病、锈病、红蜘蛛、介壳虫等。

换盆▶

每2年在春季换1次盆就够了，通常把几株种在1个花盆里，把不同品种种在一起更加好看。

花匠秘诀

不能够让阳光直接照射。空气湿度太低时，应当每天向叶面喷水多次。

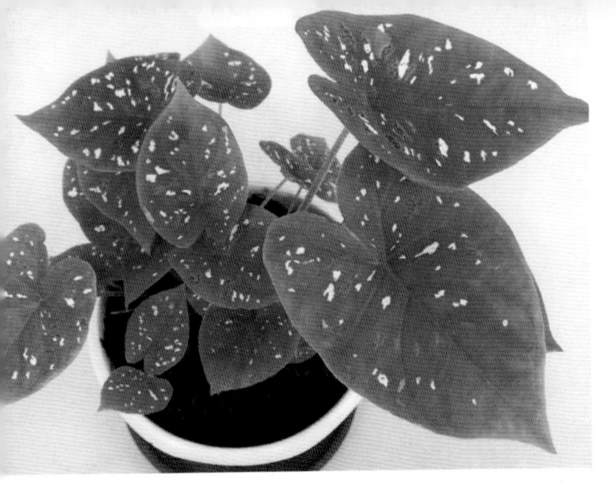

花叶芋

市场价位：★★★☆☆
光照指数：★★★☆☆
浇水指数：★★★★☆
施肥指数：★★☆☆☆

花叶芋又叫彩叶芋，是球根花卉中的一种，以观叶为主。地下有球状块茎，冬季休眠。品种繁多，叶薄如纸，叶型多样，从卵状心形至披针形皆有，大体分为广叶型和狭叶型两种不同的类型。叶色更是变化丰富，明显的主脉及明显的对比色等为其主要特征。

上盆▶

小的块茎和小叶品种用直径约8厘米的花盆就够了，较大的品种则用直径约13厘米的花盆。种植深度不要太深也不要太浅。也可用无土栽培，采用1份蛭石与1份珍珠岩混合，配上营养液（氮：磷：钾为3：2：1）

光照▶

要求明亮的光线，适合种植在北面阳台。不要把它放在阳光直射的地方。

温度▶

喜温暖，耐寒力差。秋季慢慢开始枯叶，直至叶子全部枯死进入休眠状态。休眠时可把花盆放在角落通风处，温度不要超过16℃，也不要低于5℃。也可将盆里的球根挖起来再贮藏。

浇水▶

生长期喜欢湿润，盆土表面一干就可浇水，气候干燥时经常向叶面喷雾。进入休眠期之后不浇水，或每个月仅仅浇1次水。其休眠期可超过5个月。

施肥▶

春夏季每半个月施1次氮：磷：钾为2：1：2的复合肥。

修剪▶

平时要注意剪去基部老化枯黄的叶子。

繁殖▶

在早春重新上盆时，结合进行分球繁殖。几个小块茎种在1个花盆中，发出叶后即可观赏。

病虫害▶

病虫害少见，主要有叶斑病、蚜虫等。

换盆▶

早春把放在角落处的花盆取出，把盆土倒出来，去掉盆土，把块茎（有时可能已经发芽）重新种植在新的培养土中即可。块茎如果成团，就成团种植；如果一个个分散开，就一个个放上盆种植。种植深度与在原来盆中的深度差不多。

花匠秘诀

天气干燥时，每天向叶面喷水。叶子全部枯黄之后不要浇水。

绿萝

市场价位：★★☆☆☆
光照指数：★★★☆☆
浇水指数：★★★☆☆
施肥指数：★★☆☆☆

绿萝又叫黄金葛，天南星科多年生常绿草本植物。叶互生，近心脏形，叶面上分布有不规则的乳黄色斑点或斑块。幼苗期叶片较小，随着植株的长大，叶片也随之增大；越往上生长的茎叶越大，向下悬垂的茎叶则变小，此为其生长特性。近年来我国引进了多个新品种，叶色有金黄色、黄绿色等，或者叶片上有银白色等斑纹，观赏价值更高。

上盆▶

绿萝适合作一般盆栽、吊盆栽、柱状栽培或直接水养。作吊盆栽的，可用五六条顶端枝条均匀插在盆边，观赏2~3年后重新再插。

光照▶

忌阳光直射，喜明亮的光，在一定的光强范围内，随着光线愈强，乳黄斑愈明艳。适于种植在北面阳台，摆在阳台上让其茎下垂生长，装饰效果十分好。在其他阳台上，因为吊挂起来时阳光照射不到，也很适合吊挂装饰美化。

温度▶

喜欢温暖的环境，耐寒力差，冬天室温最好保持在8℃以上。

浇水▶

喜欢湿润，平时待盆土表面一干就浇水，气候干燥时经常向叶面喷水，最好把花盆放在装有石子和水的浅碟上。冬天可等盆土约一半干时再浇水。

施肥▶

春夏秋每半个月施1次氮：磷：钾为（2~3）：1：2的复合肥，冬天温度低时停止施肥。

修剪▶

对于一般盆栽，当枝条长得太长时，宜修剪枝条。

繁殖▶

在春夏季进行扦插繁殖。枝条顶端或茎段都可用来扦插。扦插容易生根，用3条顶枝均匀插于直径8厘米的盆中亦可同时观赏，4~6周可生根。

病虫害▶

主要有炭疽病、叶斑病、茎腐病、介壳虫等。

换盆▶

每年春季换到更大些的花盆中，最大的盆直径有20厘米就够了。

花|匠|秘|诀

不要让阳光直接照射。天气干燥时，每天向叶面喷水。

肾蕨

市场价位：★★☆☆☆
光照指数：★★★☆☆
浇水指数：★★★★☆
施肥指数：★★☆☆☆

肾蕨又叫排骨草，为骨碎补科多年生常绿草本植物，地下具根茎。叶子从一支直立的地下根茎长出，根茎上部露出盆土。叶簇生，一回羽状复叶，长而外弯，绿色，披针形；小叶多，紧密相接。初生的小复叶呈抱拳状，具有银白色的茸毛，展开后茸毛消失。肾蕨不会开花，是纯粹的观叶植物。

上盆▶

基质以疏松、透气、透水性好的中性或微酸性土壤为佳，忌用黏重土壤，可用腐殖土或泥炭土，加1/3珍珠岩和少量细沙。

光照▶

喜欢明亮的光线，适于北面阳台种植。也适合吊盆种植，在其他阳台上，因为吊挂起来时阳光照射不到，也很适合吊挂装饰美化。

温度▶

喜温暖，耐寒性比较强。冬天温度最好保持在6℃以上。

浇水▶

喜湿润，不要让盆土完全干掉，叶子失水严重些就难以恢复。平时待盆土表面一干就浇水，空气干燥时要把花盆放在装有石子和水的浅碟上，并且再经常向叶面喷水。冬天温度低时待盆土2/3干掉后再浇水。

施肥▶

在春夏秋每半个月施1次氮：磷：钾为2：1：1的复合肥。使用含土基质时，每个月施1次。冬天温度低时停止施肥。

修剪▶

平时要注意剪去枯黄的老叶。

繁殖▶

在春季结合换盆进行分株。

病虫害▶

病害主要有炭疽病、褐斑病、灰霉病、锈病等，害虫主要有介壳虫、蚜虫、红蜘蛛、蜗牛等。

换盆▶

当根长满盆时就要在春季换盆，换到更大些的花盆中，因为植株会越长越多。

花|匠|秘|诀

忌强光，不要让阳光直接照射。空气湿度太低时，应当每天向叶面喷水多次。

吊兰

市场价位：★★☆☆☆
光照指数：★★★☆☆
浇水指数：★★★★☆
施肥指数：★★☆☆☆

吊兰又称为钓兰、挂兰、折鹤兰，百合科多年生常绿宿根草本植物。特别适合用吊盆栽种。绿色叶片基部抱短茎着生，常达数十枚。从叶丛中抽出细长花茎，上开白色六瓣的小花，花后又会长出单株或成丛的小植株，小植株不断成长，使茎被压弯下垂，根也逐渐长出来。花期在春夏间。有观赏价值更高的斑叶品种，如金心吊兰、金边吊兰、银心吊兰等。

上盆

宜使用含土基质。

光照

喜欢明亮的光线，有一些不强的阳光直射更好，但忌强烈的阳光。北面和东面阳台适于吊挂或摆放，南面阳台也适宜吊挂。

温度

喜温暖的环境，耐寒力差，冬季室温应保持在5℃以上。

浇水

喜湿润，盆土干旱容易使叶尖变成棕色。平时待盆土表面一干就要浇水。空气干燥时叶尖也很容易变成棕色，所以要经常向叶面喷水，最好把花盆放在装有石子和水的浅碟上。冬天温度低时待盆土上面约1厘米深处干后再浇水。

施肥

有长出小植株的成熟株，全年都要施肥，每半个月施1次氮：磷：钾为（2~3）：1：2的复合肥。

修剪

平时要注意剪去枯焦的叶尖，从基部剪去老化枯黄的叶子。

繁殖

在春季以成丛为单位进行分株，可结合换盆进行。亦可切取长茎上带根的幼株，直接上盆即可。

病虫害

病虫害主要有炭疽病、软腐病、叶枯病、根腐病、灰霉病、白粉病、介壳虫、粉虱、红蜘蛛等。

换盆

随着吊兰不断生长，肥壮的肉质根会迫使盆面慢慢上升，当上升到快与盆沿齐平时就应当换盆，否则不好浇水。换盆时换到更大些的盆中，也可分丛后用同样大小的盆上盆。

花匠秘诀

天气干燥时，每天要向叶面喷几次水。平时注意剪去枯焦的叶尖。

冷水花

市场价位：★★☆☆☆
光照指数：★★★☆☆
浇水指数：★★★☆☆
施肥指数：★★☆☆☆

冷水花别名白雪草、透白草、花叶荨麻，荨麻科多年生草本植物或亚灌木。地下有横生的根状茎。叶对生，叶片卵状椭圆形，边缘有浅齿；叶面青绿色，上分布有银白色的斑块，斑纹部分凸起似蟹壳状，有光泽。聚伞花序自叶腋间抽生，观赏价值不大。

上盆▶

由于冷水花的根系不强大，单株种植最大的花盆直径约有10厘米就足够了。浅花盆也可使用。

光照▶

喜半阴的环境，忌强烈的阳光直接照射，适于北面阳台种植。耐阴能力也强，也适宜在阳台较暗处较长时间摆放。冷水花也适合吊盆栽种观赏，在其他阳台上，因为吊挂起来时阳光照射不到，也很适合吊挂装饰美化。

温度▶

喜温暖，生长适温20~28℃。耐寒力差，冬天温度宜保持在6℃以上。

浇水▶

平时待盆土一半深处干时再浇水，空气干燥时经常向叶面喷水，最好把花盆放在装有石子和水的浅碟上。冬天温度低时，可等盆土约2/3深处干时再浇水。

施肥▶

在春夏秋季，每个月施1次氮：磷：钾为2：1：1的复合肥，冬天温度低时停止施肥。

修剪▶

平时要注意剪去基部枯黄的叶子。冷水花自然分枝多，对于过长的枝条可剪去，以保持优美的株形。由于株形会越长越难看，可在春季换盆时给予短剪，保留茎基部3~4个节，让其重新萌发新枝。因为扦插容易成活，所以最好是每年春季重新扦插而把老株淘汰。

繁殖▶

宜在春末夏初进行扦插繁殖，用6~8厘米长的枝梢作插穗。幼苗在生根上盆后进行摘心，以促进分枝的产生。

病虫害▶

病害主要有叶斑病、根腐病等，害虫主要有蚜虫、介壳虫等。

换盆▶

植株生长很快，至少每年换盆，盆应略大，但稍浅，排水要好。

花匠秘诀

天气干燥时，每天向叶面喷水，要保持较高空气湿度。最好每年春季重新扦插，而把老株淘汰。

变叶木

市场价位：★★☆☆☆
光照指数：★★★★★
浇水指数：★★★☆☆
施肥指数：★★★☆☆

变叶木又名洒金榕，大戟科常绿灌木或小乔木。全株有乳状汁液，有毒。品种相当多，叶片大小、形状和颜色极富变化，叶形有线形、披针形、卵形、椭圆形、矩圆形、戟形等，扁形或波浪状甚至螺旋状扭曲；叶色有绿、灰、红、淡红、深红、紫红、紫、橙、黄、黄红、褐等，而且在这些不同色彩的叶片上又往往点缀着千变万化的斑点和斑纹，犹如在锦缎上洒满了金点。

上盆

宜使用含土基质。

光照

喜阳光充足的环境，阳光越强叶色越艳丽；阳光不足则叶色黯淡，下部叶也易早衰脱落。最适于南面阳台种植，西面阳台也可种植。

温度

喜高温，不耐寒，温度在约10℃时叶色就出现黯淡，在4~5℃时就会大量落叶，甚至全株死亡。

浇水

喜湿润，平时待盆土表面一干时就浇水，空气干燥时经常向叶面喷水。冬天温度低时，只要保持盆土不完全干掉即可。

施肥

在春夏秋季，每半个月施1次氮：磷：钾为（2~3）：1：2的复合肥，冬天温度低时停止施肥。

修剪

为了促发多分枝，幼苗可摘心。平时要注意剪去基部枯黄的叶子。对长得太高或者株形不好的植株，可在生长期短剪，让其矮化和更新。

繁殖

一般用扦插繁殖，在春夏季剪取10厘米左右长的枝顶作插穗。切口有乳汁流出，把它放在水里洗后再插。

病虫害

病害主要有煤污病、炭疽病等，害虫主要有介壳虫、红蜘蛛、蚜虫、白粉虱等。

换盆

每年春季换到更大些的花盆中，一直换到直径约为20厘米的花盆为止，此后就只更换表土。

花匠秘诀

一定要放在阳光充足的地方，叶色才会艳丽。每年春季要换1次盆。

垂榕

市场价位：★★☆☆☆
光照指数：★★★★☆
浇水指数：★★★☆☆
施肥指数：★★☆☆☆

垂榕又名垂叶榕，桑科常绿乔木，体内有乳汁，枝干上易长气生根。叶椭圆形，先端尖。常见品种有斑叶垂榕，叶面有黄绿相杂的斑纹；花叶垂榕，叶卵形，叶脉及叶缘具不规则的黄色斑块；黄金垂榕，新叶金黄色至黄绿色，色泽明艳等。

上盆▶

宜使用含土基质，特别是较大的植株。垂榕的根比较适宜在略为局促的情况下生长，所以使用的花盆可比一般看起来需要相匹配的小一些。

光照▶

喜阳光，幼株耐阴。阳光越强，叶色越漂亮，所以叶片有色彩的品种以南面阳台种植最佳，绿叶品种在东面、南面和北面阳台种植均适宜。

温度▶

喜高温多湿的环境，生长适温为23~32℃。冬天温度最好保持在5℃以上。

浇水▶

耐旱能力强，水多了下部叶子容易脱落。平时待盆土约一半干了再浇水，空气干燥时经常向叶面喷水。冬天温度低时，让盆土全部干了再浇水。

施肥▶

在春夏秋每半个月施1次氮：磷：钾为（2~3）：1：2的复合肥，冬天温度低时停止施肥。

修剪▶

平时剪去枯黄的枝叶。如果不想要茎上长出的气生根，可随时剪去。对长得太高或者株形不好的植株，可予以短剪更新，让其重新萌发新枝。

繁殖▶

在春夏季进行扦插繁殖，花叶品种常用嫁接繁殖。扦插时，可剪取顶端嫩枝，长10~12厘米，留2~3片叶，下部叶片剪除，把基部分泌的乳汁用清水洗去后再插。

病虫害▶

主要有叶斑病、煤污病、枯枝病、介壳虫、蓟马、红蜘蛛、木虱、潜叶蛾等。

换盆▶

当看到有不少根从盆底排水孔下长出，或者盆土表面有许多细根时，再在春夏季换到更大些的花盆中，一直换到不再适宜换更大的盆为止，此后就只更换表土。

花|匠|秘|诀

每年春季要换1次盆。植株长得太高或者株形不好，可短剪更新。

吊竹梅

市场价位：★★☆☆☆
光照指数：★★★☆☆
浇水指数：★★★☆☆
施肥指数：★★☆☆☆

吊竹梅又名吊竹兰、吊竹草、斑叶鸭跖草，鸭跖草科吊竹梅属多年生常绿草本。茎多分枝，匍匐性，节处生根。叶互生，基部鞘状，叶面银白色，中部及边缘为紫色，叶背紫色。花小，紫红色。品种有四色吊竹梅、异色吊竹梅、小吊竹梅等。

上盆

适合作一般盆栽或吊盆栽种（可吊挂在阳台），使用含土基质有利于生长。上盆时如果把几株栽在一起，可更快成型。

光照

喜半阴的环境，但是过度阴暗会导致徒长及叶色不良，适于东面和北面阳台种植。

温度

喜温暖，耐寒力差，冬天温度宜保持在6℃以上。

浇水

盆土比较干些会使叶色更为鲜艳。平时可待盆土上部2~3厘米深处干时再浇水，空气干燥时经常向叶面喷水。冬天温度低时，可等盆土一半深处干时再浇水。

施肥

在春夏秋季，每半个月施1次氮：磷：钾为2：1：1的复合肥，冬天温度低时停止施肥。

修剪

上盆之后应经常摘心，防止枝蔓太长而杂乱。平时要注意剪去基部枯黄的叶子。由于时间长了，下部很多叶片干枯脱落后变成光秃，此时需要短剪，令其重发新枝，形成新的株形。最好是经常重新繁殖，弃掉老株。

繁殖

宜在春夏季进行扦插繁殖，用6~8厘米长的枝梢作插穗，20多天即可生根。水插也可以。

病虫害

病虫害主要有叶斑病、叶枯病、灰霉病、介壳虫、红蜘蛛等。

换盆

每年春季换到更大些的盆中。

花匠秘诀

要经常摘心和修剪，保持植株丰满好看。

合果芋

市场价位：★★☆☆☆
光照指数：★★★☆☆
浇水指数：★★★★★
施肥指数：★★☆☆☆

合果芋又叫长柄合果芋、箭叶芋等，天南星科多年生常绿草本植物。茎蔓性，茎节易生气根。初生的幼叶与成熟叶完全不同，幼叶呈戟形或箭形单叶，成熟叶则为5~9裂的掌状叶，叶质厚，叶脉与叶肉白、绿相间。新品种很多，叶色变化丰富。合果芋适合作吊盆栽、一般作盆栽和柱状栽培，室内很少开花。由于栽培管理容易，还可直接水养，很适宜初学者尝试。

上盆▶

使用含土基质更佳。

光照▶

忌阳光直射，耐阴性强，适于北面阳台种植。摆在阳台上让其茎下垂生长，装饰效果十分好。在其他阳台上，因为吊挂起来时阳光照射不到，也很适合吊挂装饰美化。

温度▶

喜欢温暖的环境，耐热性好，耐寒力差，冬天温度最好保持在8℃以上。

浇水▶

喜欢湿润，平时等到盆土表面1厘米深处干时再浇水，气候干燥时经常向叶面喷水，最好把花盆放在装有石子和水的浅碟上。冬天温度低时只要保持盆土不完全干掉即可。

施肥▶

春夏秋每半个月施1次氮：磷：钾为2：1：1的复合肥，冬天温度低时停止施肥。

修剪▶

枝条太长或植株太零乱时可短剪，让其重发新枝，或者重新扦插来更新。

繁殖▶

在春夏季进行扦插繁殖。枝条顶端或茎段都可用来扦插。扦插容易生根，用3条顶枝均匀插于8~10厘米的盆中亦可同时观赏，4~6周可生根。

病虫害▶

主要有叶斑病、灰霉病、细菌性叶腐病、介壳虫、粉虱、蓟马等。

换盆▶

每年春季换盆1次，如果根已经长满了盆，就换个更大些的盆。合果芋不需要太大的盆，一般盆栽使用直径为13~15厘米的盆就够了，作吊盆栽的则用直径15~20厘米的盆。

花|匠|秘|诀

空气干燥时，要经常向叶面喷水，以保持较高空气湿度。

芦荟

市场价位：★★☆☆☆
光照指数：★★★★☆
浇水指数：★★☆☆☆
施肥指数：★★☆☆☆

芦荟是百合科芦荟属植物的统称，多年生常绿肉质草本，种类品种相当多，植株大小差别很大。叶片肥厚，富含黏滑汁液，呈锥形的叶片一般排列成莲座状。有些品种有茎，有的则无，有的茎全部由叶子包住；有的叶缘有刺，有的带钩锯齿。冬末至夏初之间开花等。常见栽培的有库拉索芦荟、中华芦荟、不夜城芦荟、木立芦荟、十锦芦荟等。

上盆▶

可用园土、腐叶土等加一些粗沙子混合作基质。种植时不要把基部的叶子也埋到土里，以免叶子腐烂。

光照▶

对光照适应力较强，通常叶子多刺的品种在有阳光的南面和东面阳台摆放较好。

温度▶

喜欢温暖的环境，耐高温能力强。耐寒力较差，冬天温度最好保持在5℃以上。

浇水▶

耐干旱能力强，通常在夏季生长旺盛期，可等盆土表面约2厘米深处干时再浇水，春秋季可等盆土约一半深处干时再浇水。冬季温度低时，至少要等到盆土全部干了再浇水。

施肥▶

在夏季每隔20天左右施1次氮：磷：钾为1：1：1的复合肥，春季和秋季每个月施1次肥，冬季停止施肥。

修剪▶

主要是剪去基部枯黄的叶片。

繁殖▶

长大后的植株，在基部会长出吸芽，当吸芽有数片叶子时就可分离下来种植。如果吸芽还没有根时，要把吸芽放在阴凉通风处晾干1～2天，让伤口愈合后再种植。之后要把它放在阳光照射不到的位置，不可浇水过多，等盆土约2/3深处干时再浇水，经2~3周即会长根。

病虫害▶

主要有炭疽病、褐斑病、叶枯病、介壳虫、红蜘蛛等。

换盆▶

每年春季换到更大些的花盆中。

花|匠|秘|诀

芦荟很容易发生炭疽病，要注意防治。通常每年春季把植株换到更大些的花盆中。

金琥

市场价位：★★★★☆
光照指数：★★★★☆
浇水指数：★★☆☆☆
施肥指数：★★☆☆☆

金琥又称为象牙球、金刺球、金桶球，为仙人掌科中的大型球形代表种。肉质变态茎呈圆球形，绿色，球高可达1.3米，直径1米多，但是要长得如此之大需要百余年的时间。球顶密被黄色绵毛。刺座很大，密生刺。花期6~10月。花生于球顶部绵毛丛中，钟形，直径4~6厘米，黄色。

上盆

可用园土、腐叶土等加一些粗沙子混合作基质。上盆和换盆都要小心，戴上手套防止被刺刺伤。

光照

喜阳光充足，也耐半阴，适宜不同朝向阳台种植。但夏季当气温达到35℃以上时宜半阴，特别中午前后应遮阴或移到阳光照射不到的位置，避免强阳光灼伤球体。

温度

喜欢温暖的环境，冬天温度最好保持在5℃以上。北方冬季温度也不宜太高，最好保持在10℃左右的低温，让其进行休眠。

浇水

耐干旱能力强，平时可等盆土约1/3深处干时再浇水。在冬季休眠期，至少要等到盆土全部干了再浇水。浇水时不要淋球体。

施肥

从春季至秋，每隔20天左右施1次氮：磷：钾为1：1：1的复合肥，冬季休眠期停止施肥。

修剪

不需要进行任何修剪。

繁殖

一般都是用播种繁殖。由于家庭一般不容易获得种子，所以需要种植时直接购买小苗回来。金琥小苗生长速度相对较快，以后会越长越慢，约4年株龄的球体直径可达8~10厘米，但是要让球体直径达近20厘米，则需要18年左右的时间。所以，目前市场上大球比小球要贵很多。

病虫害

主要有焦灼病、介壳虫、红蜘蛛等。

换盆

每1~2年，在春季把植株换到更大些的花盆中。

花匠秘诀

夏季是金琥生长旺季，需水多，最好在清晨或傍晚浇水，切忌在炎热天气的中午浇水，以免发生病害。

宽叶落地生根

市场价位：★☆☆☆☆
光照指数：★★★★☆
浇水指数：★★☆☆☆
施肥指数：★★☆☆☆

宽叶落地生根又名大叶落地生根、大格里蒙落地生根，单茎不分枝，高可达1米。叶对生，披针形，厚肉质，有光泽，叶缘有锯齿，新叶两边向内凹，以后慢慢再平展，最后略向外翻卷。叶色为蓝绿色，叶背有浅紫色的斑纹。从叶缘锯齿间会长出细小的植株，然后再长出根，一片叶上长出的小株可多达50棵。秋末冬初开花。聚伞花序着生于茎顶，小花近管形，粉红色，下垂。

上盆▶

基质由园土、腐叶土及粗砂等混合而成。

光照▶

喜阳光，但也耐半阴，适合在各朝向阳台种植摆放。

温度▶

喜欢温暖的环境，冬季温度最好保持在3℃以上。0℃以下，会引起冻害，叶片被冻成熟透状，太阳出来后就变白且枯萎。

浇水▶

耐旱能力强，平时可等盆土约2/3深处干时再浇水。生长期可多浇点水，以盆土湿润为宜，但不能积水。秋季气温下降，应减少浇水。冬季浇水则更少，至少要等到盆土完全干了再浇水。

施肥▶

耐盆土贫瘠，施肥不必过勤，否则容易引起徒长，并有可能造成植株腐烂。从春季至秋季，每个月施1次氮：磷：钾为1：1：1的复合肥，冬季停止施肥。

修剪▶

平时摘去或剪去基部枯黄的叶子。当植株长高时要注意立柱进行支撑绑缚，防止倒伏。

繁殖▶

可随时把落在盆土上的小植株，用镊子夹起来重新种植上盆。

病虫害▶

主要有灰霉病、白粉病、介壳虫、蚜虫等。

换盆▶

每年在春季把植株换到更大些的花盆中。

花|匠|秘|诀

植株生长时间太长时，株形会变得不好看，下部也因叶脱落而显得空荡，最好把它扔掉，重新繁殖。

石莲花

市场价位：★★☆☆☆
光照指数：★★★★★
浇水指数：★★☆☆☆
施肥指数：★★☆☆☆

石莲花又叫石莲、玉蝶、玉瓦莲、鲜红石莲花，景天科石莲花属多年生常绿肉质草本植物。叶片比较厚，肉质，长圆状卵形或倒卵形。在强光下叶缘及小突尖带红色。叶片重叠密生在短缩茎上，排列成如莲花状的莲座丛，因此得名。4～6月抽生总状聚伞花序，花冠基部结合成短筒，外面淡红或红色，内面黄色。

上盆▶

用园土和腐叶土等混合成疏松的土壤。

光照▶

喜阳光充足的环境，也耐半阴，适于在不同朝向阳台上种植，但北面阳台光强较差，莲座叶丛会长得不够紧密。

温度▶

喜温暖，生长适宜温度为20~30℃，耐热性强，但在夏季高温特别加上高湿时力求通风凉爽。耐寒力差，冬季温度最好保持在5℃以上。

浇水▶

具有强的耐旱能力，不耐涝。平时可等盆土表面约一半深处干时再浇水，冬季低温时至少要等到盆土全部干后再浇水。浇水时不要把水浇到叶丛上，否则水滴会使叶子产生难看的斑点。所以当植株长到叶子遮盖住整个花盆，不易浇水时，只能采用浸盆的方法。

施肥▶

平时每隔20天左右施1次氮：磷：钾为1：1：1的复合肥即可，冬季低温时停止施肥。

修剪▶

平时要注意摘去基部老化枯黄的叶子。

繁殖▶

最容易繁殖的方法，是摘下长有莲座丛的茎枝，下部茎约有2厘米长，作为插穗进行扦插繁殖。扦插期间浇水也不要太频繁，只要保持基质不完全干掉即可，约半个月后可生根。

病虫害▶

主要有锈病、叶斑病、介壳虫等。

换盆▶

种植后1~2年换盆1次，在春季把植株换到更大些的花盆中。

花匠秘诀

浇水不能太频繁，浇水时不要把水浇到叶丛上。

虎尾兰

市场价位：★★☆☆☆
光照指数：★★★★☆
浇水指数：★★☆☆☆
施肥指数：★★☆☆☆

虎尾兰又名虎皮兰、千岁兰，龙舌兰科多年生肉质草本植物。叶从根状茎上长出，每簇有叶8~15片。叶肉质，剑形，硬革质，直立。叶面浅绿色，并具有深绿色层层如云状的横向斑纹。虎尾兰有多个品种，如金边虎尾兰，与虎尾兰相似，只是在叶片两侧各有一条金黄色的条带；短叶虎尾兰，也称矮虎尾兰、小虎兰，株高仅约10厘米，叶短而宽回旋重叠，呈莲座状排列，叶面暗绿色，有横向的灰白色虎纹斑；金边短叶虎尾兰，也称金边矮虎尾兰，叶缘有金黄色至乳白色宽边，有时整个叶片都呈金黄或乳白色，只有中央的一小部分呈绿色，其他特征同短叶虎尾兰等。

上盆

对土壤要求不严，最好用疏松的沙土和腐殖土。

光照

喜光，也耐阴，适于在不同朝向阳台上种植。有斑纹的品种，宜在阳光直射的阳台上种植。

温度

虎尾兰生长比较缓慢，喜欢温暖的环境，生长适温为18~28℃。比较耐寒，但冬天温度最好保持在5℃以上。

浇水

虎尾兰具有强的耐旱能力，忌水湿，平时可等盆土约1/3深处干时再浇水。冬天要等到盆土全部干后再浇水。对于矮虎尾兰，要注意水不要浇到莲座中心，以免引起腐烂。

施肥

虎尾兰对肥料需求不多，每隔30~40天施1次氮：磷：钾为1：1：1的复合肥即可，冬季温度低时停止施肥。

修剪

一般不需要进行什么修剪，只是注意剪去老化枯黄的叶子。

繁殖

通常用分株繁殖，在春季结合换盆进行。

病虫害

主要有炭疽病、腐烂病、介壳虫、红蜘蛛等。

换盆

虎尾兰的根很耐拥挤，一般等到株丛太拥挤时，才在春季换盆，把植株换到更大些的花盆中。而对于矮虎尾兰，则等根长满花盆时再换盆。

花匠秘诀

虎尾兰耐旱能力强，少浇水。

阳台稍难养花卉栽培经验

蟹爪兰

市场价位：★★★☆☆
光照指数：★★★★☆
浇水指数：★★★☆☆
施肥指数：★★☆☆☆

蟹爪兰又名蟹爪莲、仙指花、仙人指、圣诞仙人掌。仙人掌科多年生常绿肉质附生性植物，老株基部常木质化。花期主要在冬季，杂交品种多，花色有红、紫红、橙红、白、粉、金黄等。

上盆▶

适宜使用无土基质。虽然喜湿润，但更怕积水，所以在基质中要多加些沙子。花盆要略小些，30厘米展幅的植株使用直径近14厘米的花盆就够了。

光照▶

喜欢明亮的光线，忌强烈阳光直接照射，最适宜在东面阳台种植，北面阳台也可以。适合吊盆栽种，可在各种阳台上吊挂装饰美化。

温度▶

喜温暖的环境，生长适温为20~28℃。不耐寒，冬天温度保持在5℃以上。

浇水▶

较喜湿润，但是浇水过多又容易引起烂根烂茎。平时待盆土表面约1厘米深处干时就浇水，空气干燥期间向植株喷水。冬天温度低时，待盆土表面3厘米深处干时再浇水。

施肥▶

从春至秋每半个月施1次氮：磷：钾为1：1：1的复合肥，冬季温度低时不须施肥。

修剪▶

一般不需要修剪。在花芽形成后，不要随便移动花盆，因为花芽有向光性，改变花芽的方向容易使花芽脱落。

繁殖▶

春夏季摘下2~3节扁平的变态茎作插穗。插穗要阴干半天让伤口愈合再扦插。扦插的基质可与盆栽的相同，扦插深度只要使茎直立即可，不能太深。如果把几个插穗沿着四周插在一个较大的花盆里，可不用上盆而直接当作成熟株来处理。

病虫害▶

主要有炭疽病、叶枯病、灰霉病、茎基腐烂病、介壳虫、红蜘蛛等。

换盆▶

每年花期过后换1次盆土，只有发现根系长满盆时，才用大些的花盆换盆。

花|匠|秘|诀

盆土既不要太干又不能太湿。花芽形成后不要随便移动花盆。

五彩石竹

市场价位：★★☆☆☆
光照指数：★★★★★
浇水指数：★★★☆☆
施肥指数：★★☆☆☆

五彩石竹为石竹科宿根性不强的多年生草花，多作为二年生栽培。花多单生或双生于茎顶，花瓣5枚，边缘有不规则锯齿。杂交品种多，花色有淡紫、粉红、红、紫红、橙红、白、黄色等，或具有斑纹。秋播的花期可由冬至夏，集中于4~5月。蒴果矩圆形。

上盆

适宜使用含土基质。单株盆栽最大花盆直径有15厘米就够了。

光照

喜欢阳光充足的环境，适于南面阳台种植。

温度

喜比较冷凉的天气，生长适温为10~20℃，忌高温多湿。耐寒力强，冬季可安全越冬。

浇水

较喜湿润，但是忌涝，也较耐旱。平时可待盆土表面约1厘米深处干了再浇水，冬天等盆土约2厘米深处干了才浇水。

施肥

上盆时施足基肥。生长期间每半个月向盆土施1次氮：磷：钾为1：1：1的复合肥。

修剪

幼苗上盆后摘心1~2次，促发多分枝。开花时，把残花及残花茎随时剪去，利于再开花。

繁殖

一般在秋季播种，苗有4~5片真叶时移植1次。当植株生长变差或不易度夏时，就把植株丢掉。

病虫害

主要有叶斑病、炭疽病、锈病、叶枯病、枯萎病、红蜘蛛、蚜虫、蓟马等。

换盆

作为一二年生栽培时，不需要换盆。

花匠秘诀

尽量把盆株放在阳光充足的地方。随时把残花及残花茎剪去。

大丽花

市场价位：★★☆☆☆
光照指数：★★★★★
浇水指数：★★★☆☆
施肥指数：★★★☆☆

大丽花又叫大理花，菊科球根草本植物，地下具纺锤形肉质块根。头状花序，杂交品种相当多，花有单瓣和重瓣，花色多变，有红、淡红、紫、白、黄、橙等以及复色。目前在市场上，有不少专门适合盆栽的矮性品种。

上盆▶

适宜使用含土基质。北方通常春植，华南地区一般秋植。

光照▶

喜欢阳光充足的环境，阳光充足时花开多且色泽鲜艳，适于南面阳台种植。

温度▶

喜冬天温暖、夏季凉爽的环境，生长适宜温度为10~25℃。冬季温度最好保持在5℃以上。

浇水▶

喜湿润，不耐干旱，怕积水。平时可等盆土表面1厘米深处干了就浇水，天气干燥时经常向叶面喷水。进入休眠期减少浇水次数，完全休眠时停止浇水。如盆土过湿，根部容易腐烂，甚至导致死亡。

施肥▶

生长期每半个月向盆土中施1次氮：磷：钾为1：1：1的复合肥，进入休眠期停止施肥。

修剪▶

球根发芽后，幼苗有4对叶片时摘心1次。开花后如果需要对花枝进行立柱支撑。进入休眠期把枯萎叶全部剪去，将盆移至防雨的角落处存放即可，其间温度不要低于0℃。

繁殖▶

在上盆时，结合进行分块根繁殖。分块根时，每个块根顶部需带芽点1~2个，操作时小心不要损伤芽。

病虫害▶

主要有叶斑病、白粉病、灰霉病、煤污病、蚜虫、红蜘蛛、斜纹夜蛾等。

换盆▶

每年把休眠的球根从盆中取出，重新上盆。

花|匠|秘|诀

要放在阳光充足的地方，植株才会生长健壮，而且开花多而艳丽。

大岩桐

市场价位：★★★☆☆
光照指数：★★★☆☆
浇水指数：★★★☆☆
施肥指数：★★★☆☆

大岩桐又叫六雪泥、落雪泥，苦苣苔科球根草本植物，地下具扁球形块茎。每年春、秋两季开花。花顶生或腋生，冠钟状，先端浑圆，5~6浅裂，色彩丰富，有粉红、红、紫蓝、白、复色等色，大而美丽。

上盆▶

适宜使用无土基质。

光照▶

喜欢半阴的环境，忌强烈的阳光直接照射，适于东面和北面阳台种植。

温度▶

喜欢较冷凉的天气，生长适温为18~23℃，夏季力求通风凉爽。冬季只剩下块茎进入休眠，其间温度宜保持在5~16℃之间。

浇水▶

生长期待盆土表面约3厘米深处干了再浇水，天气干燥时把花盆放在装有石子和水的浅碟上。不能给植株喷水，因为水滴留下会使叶片和花朵产生斑点，故下雨时也需要避雨。秋季叶子开始褪色时植株要进入休眠期，此时开始逐渐减少浇水次数，地上部完全枯死后则停止浇水，把盆移至防雨的角落处存放。

施肥▶

从春季生长期开始，一直到地上部完全枯死为止，每半个月向盆土施1次氮：磷：钾为1：1：1的复合肥。

修剪▶

上盆后根据需要，可摘心1次。开花时，如果花朵四周的叶片妨碍花的开放，可根据需要剪掉其中部分叶片或将相关叶片剪掉半张，使花朵全部集中开放于植株顶部，形成一团花束，这样花更美观。开花后剪去残花茎及基部枯黄叶，这样有利于植株继续开花和块茎的生长发育。

繁殖▶

在初夏切取3~5厘米长的嫩枝进行扦插，4~6周后插穗开始重新生长，表明地下部已经形成新的块茎和根，此时可移植上盆。

病虫害▶

主要有叶斑病、腐烂病、疫病、蚜虫、红蜘蛛、蓟马等。

换盆▶

春季把休眠的块茎从盆中取出，重新换土上盆，最大花盆直径13厘米就够了。

花|匠|秘|诀

夏季要力求通风凉爽。不能给叶片喷水。

千日红

市场价位：★★☆☆☆
光照指数：★★★★★
浇水指数：★★★☆☆
施肥指数：★★★☆☆

千日红又叫火球花、圆仔花、百日红，苋科一年生草本植物。原产亚洲热带地区。开花时，圆球形的头状花序长在枝条顶端的花梗上，每个花序由数十朵小花组成，小花的干膜质苞片呈紫红色，也有淡红、白（称为千日白）、淡橙色等品种。

上盆▶

适宜使用含土基质。小苗约5厘米高时上盆。因为属于一年生植物，当植株已经没有什么观赏价值时就扔掉，无须换盆。

光照▶

喜欢阳光充足的环境，光照不足时植株容易徒长，开花少且花色淡，因此适于南面阳台种植，西面阳台也可种植。

温度▶

性喜温暖至高温，生长适宜温度为20~30℃。耐寒力差，一般在春夏季播种，花期春末、夏、秋季。

浇水▶

一般见到盆土表面干了就可浇水，但盆里不可积水。

施肥▶

每半个月向盆土中施1次氮：磷：钾为1：1：1的复合肥。

修剪▶

上盆后摘心2~3次，每次保留新生叶片两对，以促发分枝。花谢后要及时摘除残花，结合短剪枝条，这样仍能萌发新枝再次开花。

繁殖▶

一般在春夏季播种。

病虫害▶

病虫害比较少，主要有叶斑病、立枯病、蚜虫等。

花|匠|秘|诀

要把盆株放在阳光充足的地方。开花后剪去残花枝，让其再继续开花。

一串红

市场价位：★★☆☆☆
光照指数：★★★★★
浇水指数：★★★☆☆
施肥指数：★★★☆☆

一串红又称为爆竹红、墙下红、西洋红，唇形科多年生草本植物或亚灌木，多作为一二年生栽培。总状花序顶生，遍被红色柔毛。小花2~6朵轮生，深红色。花萼钟状，与花冠同色。花冠唇形。花茎上长出成串鲜红色的小花，像爆竹，因此得名。

上盆

适宜使用含土基质。幼苗约5厘米高时用直径10厘米的花盆上盆。

光照

喜阳光充足的环境，虽耐半阴，但光照不足时植株开花不良，适于南面阳台种植。

温度

喜温暖，较耐热，生长适温为15~30℃。不耐寒，怕霜冻，冬天温度保持在5℃以上。在寒冷地区秋冬季会被冷死，所以可扔掉。

浇水

每次可等盆土表面约1厘米深处干了再浇水。

施肥

每半个月向盆土中施1次氮：磷：钾为1：1：1的复合肥。肥充足时开花多。

修剪

苗期上盆后，当有4片真叶时开始第一次摘心，总共需摘心2~4次。待植株花谢后重剪，仅留下数厘米高，让其重新发枝开花。根据具体情况，剪后可顺便进行换盆。

繁殖

寒冷地区一般在春季播种，华南冬季温暖地区还可秋冬播种。

病虫害

主要有猝倒病、疫霉病、花叶病、青枯病、蚜虫、红蜘蛛、蜗牛、斜纹夜蛾等。

花匠秘诀

要把盆株放在阳光充足的地方。开花后对植株重剪，让其再发新枝开花。

龙船花

市场价位：★★☆☆☆
光照指数：★★★★★
浇水指数：★★★☆☆
施肥指数：★★★☆☆

龙船花又叫仙丹花、红绣球、山丹、百日红、英丹花，茜草科常绿灌木。聚伞花序密聚成伞房状，球状，着生于枝条顶端，具红色分枝，每个分枝有小花4~5朵。花期全年，但以夏、秋较盛。花色原为红色，经改良后有红、橙红、粉红、黄、白、淡蓝等色。浆果近圆形，成熟时黑红色。

上盆

适宜使用含土基质。

光照

喜阳光充足的环境，每天至少要有4个小时的阳光照射才能开花，因此适于南面阳台种植。

温度

喜高温高湿，也耐干热。耐寒力差，冬天温度低于5℃时，叶片就会受到寒害。

浇水

喜湿润，平时待盆土表面1厘米深处干时就浇水，空气干燥期间向叶面喷水。冬天温度低时，只要保持盆土不完全干掉即可。

施肥

从春至秋每半个月施1次氮：磷：钾为1：1：1的复合肥，冬季温度低时不需要施肥。

修剪

幼苗上盆后可摘心1次，促发多分枝。平时若发现枝条稀疏，可随时对枝条打顶或短剪；若枝条太密，可适当疏剪。每年在换盆前可对植株疏剪，对老植株则可重剪，让其重新萌发新枝。冬季受寒害严重的植株，叶片会全部枯死，但茎可能未死，此时也必须对植株重剪。

繁殖

春季选一年生充实枝，剪下5~8厘米长的枝条茎段，带叶扦插，保持基质湿润和高空气湿度，4~6周后就可生根。

病虫害

主要有叶斑病、炭疽病、叶枯病、蚜虫、介壳虫等。

换盆

每年春季把植株换到更大些的盆中，最大花盆直径20厘米即可。

花|匠|秘|诀

尽量把盆株放在阳光充足的地方。天气干燥时，要经常向叶面喷水。每年春季要把植株短剪，然后进行换盆。

百日草

市场价位：★★☆☆☆
光照指数：★★★★★
浇水指数：★★★☆☆
施肥指数：★★★☆☆

百日草又叫百日菊、步登高、步步高、秋罗等，菊科一年生草本植物。夏秋开花，头状花序单生枝顶。品种较为繁多，花色有白、黄、红、粉、紫、绿、橙等。小花丛生型尤适合于盆栽，株高仅20~40厘米，每株着花的数量也多，但花序直径小，仅3~5厘米。

上盆

适宜使用含土基质。小苗约5厘米高时上盆。属于一年生植物，当植株没有什么观赏价值时就扔掉。

光照

喜欢阳光充足的环境，光照不足时植株容易徒长，开花不良，因此适于南面阳台种植。为短日照植物，日照短于12小时，开花提早。

温度

性喜温暖，生长开花的适宜温度为15~30℃。在夏季酷热条件下，生长势稍弱，开花效果不理想。耐寒力差，气温在15℃以下时生长不良，开花困难。

浇水

一般见到盆土表面干了就可浇水，但盆里不可积水。

施肥

每半个月向盆土中施1次氮：磷：钾为1：1：1的复合肥。

修剪

上盆后摘心1~2次，促发分枝。花谢后要及时摘除残花，植株能继续生长和开花。当植株没有什么观赏价值时就扔掉。

繁殖

一般在春夏季播种。

病虫害

主要有褐斑病、白星病、白粉病、红蜘蛛、斜纹夜蛾等。

花匠秘诀

要把盆株放在阳光充足的地方。当植株没有什么观赏价值时，就把它扔掉。

四季海棠

市场价位：★★☆☆☆
光照指数：★★★★☆
浇水指数：★★☆☆☆
施肥指数：★★☆☆☆

四季海棠又叫四季秋海棠、瓜子海棠、玻璃海棠，秋海棠科多年生常绿草本。花顶生或腋生，有单瓣和重瓣之分，花色有红、粉红、白等。开花期极长，几乎全年均能开花，但以秋末、冬、春三季开花较多。

上盆

对基质要求不太严格。

光照

喜明亮的光，但是忌夏季强烈的阳光暴晒。适于东面和北面阳台种植，在南面阳台种植时，夏季应移到烈日直射不到之处。

温度

喜欢温暖的环境，夏季高温时开花不佳，植株看起来会有萎蔫的感觉。也不耐寒，冬季温度最好保持在8℃以上。

浇水

平时等盆土表面约3厘米深处干了再浇水。如果浇水过多，容易发生烂根、烂芽或烂枝现象。喜欢较高的空气湿度，空气干燥期间要经常向叶面喷细雾，最好把花盆放在装有石子和水的浅碟上。冬天温度低时，待盆土一半深处干了再浇水。

施肥

每半个月施1次氮：磷：钾为1:1:1的复合肥，冬天温度低时停止施肥。

修剪

扦插苗上盆后进行摘心，促发多分枝。有的品种由于自然分枝很多，平常要把太密或者内部瘦弱的枝条摘掉。太长的枝条可随时短剪。当花谢后，及时剪去残花，甚至连同部分枝条一起剪去。对太高的植株或多年生老株，则在换盆时短剪。

繁殖

可在春季或初夏，用扦插法繁殖。选取没有花的侧枝，剪下约5厘米长的枝梢插在沙中，在阴处保持沙的湿润和较高的空气湿度，经20天左右可发根。

病虫害

主要有茎腐病、猝倒病、叶斑病、细菌性病害、蓟马、潜叶蝇、蛞蝓等。

换盆

每年春季把植株换到更大些的花盆中，最大的花盆直径20厘米左右就够了。

花匠秘诀

盆土浇水时不要过频繁，天气干燥时要设法提高植株周围的空气湿度。每年春季对植株换盆。

米兰

市场价位：★★☆☆☆
光照指数：★★★★★
浇水指数：★★★★☆
施肥指数：★★★☆☆

米兰又叫米仔兰、树兰、珠兰、珍珠兰，楝科米仔兰属常绿灌木或小乔木。我国南方有分布。圆锥花序着生于树端叶腋，每支花序有许多朵黄色小花。花很小，长圆形或近圆形，直径约2毫米，黄色，有浓郁的香气。花期5~10月，能连续多次开花。浆果卵形或球形。

上盆

适宜使用含土基质。

光照

喜欢阳光充足的环境，最适于南面阳台种植，其次是东面阳台。

温度

喜温暖至高温，适宜的生长温度为22~30℃。不很耐寒，温度低时易落叶，低于0℃植株可能冻死。冬天温度最好保持在5℃以上，在北方冬季温度也不要保持过高，约12℃以下即可，让其休眠。

浇水

喜湿润，平时等盆土表面约1厘米深处干了就浇水，空气干燥时每天向叶片喷水。冬天可等到盆土全部干了再浇水。

施肥

平时每个月施1次氮：磷：钾为1：1：1的复合肥，冬季停止施肥。

修剪

扦插苗盆栽待长到10余厘米高时摘心，促使多萌发侧枝，形成树冠。平时注意剪去老化枯黄的叶子，若发现有徒长枝，应予以短剪。枝叶过于繁密时则适当疏剪。开花后及时剪去残花茎，不要修剪枝条。春季结合换盆，对植株修剪整形，剪去枯枝、病虫枝、过密枝等，对株形不好看或过高的植株则予以重剪。

繁殖

在春季剪取顶端嫩枝8厘米左右长，去掉下部叶片，插在基质中，放在有遮阴的地方，保持基质湿润和较高的空气湿度，1~2个月可生根。

病虫害

主要有叶斑病、炭疽病、煤污病、茎腐病、红蜘蛛、介壳虫、蚜虫等。

换盆

每隔1~2年在春季把植株换到更大些的花盆中，当不方便换盆或植株过大不好换盆时，则只换表土。

花匠秘诀

要经常保持盆土湿润，空气干燥时经常向叶面喷水。每隔1~2年在春季换1次盆，并且对植株修剪整枝，老化的植株则施行重剪。

茉莉

市场价位：★★☆☆☆
光照指数：★★★★★
浇水指数：★★★★☆
施肥指数：★★★☆☆

茉莉，木犀科茉莉花属常绿小灌木。聚伞花序，顶生或腋生，有花3~12朵，通常3~4朵，花白色，能发出浓郁的香气。由初夏开始开花，一直开到晚秋。

上盆▶

适宜使用含土基质。

光照▶

喜阳光。为了让其多开花，需要给予充足的阳光，所以适于南面和东面阳台种植。

温度▶

喜温暖的环境，耐高温。不耐霜冻，冬天温度最好保持在3℃以上。

浇水▶

喜湿润，平时等盆土表面一干就浇水，因此在夏季炎热晴天每天要浇2次水，早晚各1次。冬天温度低时，可等到盆土约一半深处干了再浇水。

施肥▶

平时每半个月施1次氮：磷：钾为1：1：1的复合肥，冬天停止施肥。

修剪▶

幼苗上盆后，摘心1~2次，促发多分枝。在开花前发现枝条太长时，可随时短剪。初夏植株陆续开出早花，但这批花一般小而少，宜把花连同嫩枝一部分一起剪去，让其萌发出新枝再开花。每次修剪后，如果发现新枝条太多，则疏去一些细弱枝和内膛枝。花凋谢后再把花枝剪短，促进继续发枝开花。

在春季换盆前对植株重剪，将老化的枝条从基部剪掉，并剪除细弱枝和过密枝，剩下的枝条再短剪，保留20厘米左右长即可。对多年的老植株则予以重剪更新。

繁殖▶

在春夏季，剪取约8厘米长的枝梢作插穗，去掉下部叶片，插在基质中，放在有遮阴的地方，保持基质湿润和较高的空气湿度，约经1个月可生根。

病虫害▶

主要有炭疽病、枝枯病、白绢病、煤污病、蚜虫、介壳虫、红蜘蛛、粉虱、蓟马、卷叶蛾等。

换盆▶

每年春季把植株换到更大些的花盆中。

花|匠|秘|诀

生长期要经常保持盆土湿润。每年春季对植株短剪后，再换到更大些的花盆中。

栀子

市场价位：★★☆☆☆
光照指数：★★★★☆
浇水指数：★★★★☆
施肥指数：★★★☆☆

栀子，茜草科常绿灌木。花通常单生于靠近枝顶的叶腋，极芳香，重瓣，纯白色，日久逐渐变成淡黄色。花期在夏季。浆果卵形，黄色或橙色。另外还有几个品种，花朵有单瓣的，有重瓣的，而花色都是白色的。

上盆▶

适宜使用含土基质。栀子是典型的酸性土壤植物，基质需要调节成酸性。用较小一些的花盆来种植，以限制根系的生长，植株开花会更好。

光照▶

喜好阳光，但又不能经受强烈的阳光直接照射，适于东面阳台种植。

温度▶

喜温暖的环境，最适宜的生长温度为16~25℃。耐寒力比较强，冬天温度保持在0℃以上即可。

浇水▶

喜湿润，平时等盆土表面约1厘米深处干了就浇水，空气干燥时每天都要向叶片喷水几次。最好把花盆放在装有石子和水的浅碟上，并且每天向叶面喷水。但是植株开花后，只可喷细雾，因为花瓣留有水滴就会变色。冬天温度低时，可等到盆土约1/3深处干了再浇水。

施肥▶

平时每半个月施1次氮：磷：钾为1：1：1的复合肥，晚秋至冬季停止施肥。

修剪▶

幼苗上盆后，摘心1~2次，促发多分枝。平时注意剪去基部老化枯黄的叶子。在春季换盆前对老株重剪，先剪去枯枝、内膛过密枝、弱枝等，剩下的再剪去1/2~2/3。

繁殖▶

在春季，剪取约8厘米长的枝梢作插穗，去掉下部叶片，插在基质中，放在有遮阴的地方，保持基质湿润和较高的空气湿度，5周左右可生根。

病虫害▶

主要有叶斑病、黄化病（盆土呈碱性引起植株缺铁）、煤污病、蚜虫、介壳虫、红蜘蛛、粉虱、蓟马等。

换盆▶

每年春季把植株换到更大些的花盆中，换盆时尽量不要伤害根团。

花匠秘诀

生长期要经常保持盆土湿润，空气干燥时要设法提高植株周围的空气湿度。

紫罗兰

市场价位：★★☆☆☆
光照指数：★★★★★
浇水指数：★★★☆☆
施肥指数：★★★☆☆

紫罗兰又叫草桂花、草紫罗兰，十字花科紫罗兰属二年生或多年生草本植物。花期冬春季。顶生总状花序，有粗壮的花梗，花密集呈柱形，花朵有花瓣4枚，瓣片铺展为十字形。杂交品种多，花色有紫、紫红、红、粉红、白红、黄等，且具有香气。角果，成熟时开裂。

上盆▶

适宜使用含土基质。当小苗长出2~3片真叶时上盆，单株用直径约12厘米的花盆就可以了，或者几株种在一个较大的花盆里。起苗时要尽量带多土，不伤根。上盆以后不需要再换盆，当植株的花没有观赏价值时将其扔掉。

光照▶

喜欢阳光充足的环境，南面阳台最适于种植，其次为东面阳台。

温度▶

喜凉爽的气候，不耐热，生长适温10~25℃。耐寒力较好，能耐短暂的-5℃的低温。

浇水▶

春秋季每天浇1次水，冬季则2~3天浇1次水即可。

施肥▶

每半个月向盆土施1次氮：磷：钾为1：1：1的复合肥，当植株的花快没有观赏价值时停止施肥。

修剪▶

平时注意剪去植株基部的老化枯黄叶。开花后剪去残花枝，促进其再抽枝开第二次花。通常第二次花凋谢后，就把植株扔掉，到秋季再播种。

繁殖▶

在秋季用种子播种，种子发芽适温为18~25℃，约1周就可发芽。从播种到开花需4~5个月。

病虫害▶

主要有幼苗猝倒病、叶斑病、枯萎病、细菌性腐烂病、白锈病、红蜘蛛、蚜虫、斜纹夜蛾等。

花|匠|秘|诀

要求阳光充足的环境。每半个月施1次肥。

茑萝

市场价位：★★☆☆☆
光照指数：★★★★★
浇水指数：★★★★☆
施肥指数：★★☆☆☆

茑萝又叫羽叶茑萝、五角星花、绕龙草等，旋花科一年生蔓性草本植物。植株纤细。小花高脚碟状，上部红色的花冠5裂，张开呈星形，像一颗闪闪的五角红星。花期从夏季至秋季，每天开放一批，晨开而午后即萎。蒴果卵圆形，种子黑色。常见的还有圆叶茑萝、槭叶茑萝、裂叶茑萝等。

上盆▶

适宜使用含土基质。当小苗长出3~4片真叶时上盆，单株用直径约10厘米的花盆就可以了，也可几株种在一个较大的花盆里。起苗时要尽量多带土，不伤根。属于一年生草花，以后不需要再换盆。秋季当植株没有什么观赏价值时就扔掉，但之前要采收一些已经成熟的种子，供第二年再播种使用。

光照▶

喜欢阳光充足的环境，南面阳台最适于种植，其次为东面阳台。如阳光不足，生长不良。

温度▶

喜温暖至高温，生长适温为15～30℃。耐寒力差，秋季温度下降时植株会慢慢枯死。

浇水▶

较喜湿润，平时等盆土表面约1厘米深处干了就浇水。幼苗怕旱，干旱稍严重就会枯死，苗期特别要注意。

施肥▶

每个月向盆土施1次氮：磷：钾为1：1：1的复合肥，一直到植株不再开花时。

支缚▶

随着幼苗茎蔓的生长，需要插杆，或者使用细竹片扎成的各式排架，或者把茎蔓引到阳台栏杆或防盗网上，让茎蔓攀援生长。

繁殖▶

在春季用种子播种，用小盆点播，覆土2厘米厚。播后保持土壤湿润，数天就可发芽。

病虫害▶

茑萝生命力强，适应性好，病虫害少，主要有红蜘蛛、蚜虫等。

花|匠|秘|诀

要求阳光充足的环境。随着幼苗茎蔓的生长，要及时支撑引缚。

三色竹芋

市场价位：★★☆☆☆
光照指数：★★★☆☆
浇水指数：★★★★☆
施肥指数：★★☆☆☆

三色竹芋又称为三色栉花竹芋、锦竹芋、紫背锦竹芋、七彩竹芋，具有地下根茎，竹芋科多年生常绿草本植物。叶长椭圆状披针形，革质，全缘，叶面深绿色，具淡绿色、白色、淡粉红色羽状斑纹，叶背紫红色。穗状花序。

上盆▶

适宜使用无土基质栽培。

光照▶

喜欢半阴的环境，害怕烈日暴晒，东面和北面阳台适宜种植，夏季注意遮阴。

温度▶

喜欢温暖，耐寒力差，冬天温度最好保持在8℃以上。

浇水▶

喜湿润，平时待盆土表面一干就浇水。气温高时空气湿度也要高，气候干燥时经常向叶面喷水，最好把花盆放在装有石子和水的浅碟上，以保持较高空气湿度。冬天温度低时可等盆土约1厘米深处干时再浇水。

施肥▶

春夏秋每半个月施1次氮：磷：钾为2：1：1的复合肥，冬天温度低时停止施肥。

修剪▶

平时要注意剪去基部的枯黄叶，保持植株良好的观赏状态。

繁殖▶

结合换盆时分根茎上长出的植株进行繁殖，以带有几丛叶子为一单位种植为佳。

病虫害▶

主要有叶斑病、炭疽病、灰霉病、红蜘蛛、蚜虫、介壳虫等。

换盆▶

每年把植株换到更大些的花盆中，春末夏初换盆最好。株丛太大时可分株。

花|匠|秘|诀

不要让阳光直接照射。空气湿度太低时，应当每天向叶面喷水多次。

龟背竹

市场价位：★★☆☆☆
光照指数：★★★☆☆
浇水指数：★★★☆☆
施肥指数：★★☆☆☆

龟背竹又名蓬莱蕉、电线兰，天南星科多年生常绿草本植物，植株可长得很大。幼叶心形，后逐渐出现带孔和羽裂的叶片，形似龟背，所以称为龟背竹。腋生花序，佛焰苞绿白色，肉穗花序近圆柱形，有香气。通常夏秋季节开花结果。

上盆

使用含土基质最好，特别是当植株长大时可防止头重脚轻。

光照

喜明亮的光，以种植在北面和南面阳台为佳。

温度

喜温暖，有一定的耐寒力。气温低于5℃时停止生长，冬季温度最好保持在5℃以上。

浇水

平时待盆土1/3深处干了就浇水。喜欢较高空气湿度，气候干燥时要经常向叶面喷水。冬天温度低时可在盆土完全干后再浇水。

施肥

春夏秋每半个月施1次氮：磷：钾为2：1：1的复合肥，冬天温度低时停止施肥。

修剪和支缚

随着植株的长大，需要用支柱支撑绑缚，以保持良好的观赏状态。如果嫌株型过于庞大，可施以强剪，让其重新萌发枝叶。

繁殖

在春夏季进行扦插繁殖。由于叶片太大，只适宜切取带有2片叶的顶端枝条作为插穗。

病虫害

主要有叶斑病、灰斑病、锈病、介壳虫等。

换盆

每年春季换到更大些的花盆中，一直到不好再换盆为止。此后每年仅更换表层盆土。

花匠秘诀

天气干燥时，每天向叶面喷水。

花叶万年青

市场价位：★★★☆☆
光照指数：★★★☆☆
浇水指数：★★★☆☆
施肥指数：★★☆☆☆

花叶万年青又名黛粉叶，天南星科多年生常绿草本植物。植株较大型，茎节明显。单叶互生，叶片长椭圆形，纸质。种类品种很多，叶面上分布有黄色或白色的斑块或斑点，有的甚至叶片上大部分都是斑块，与绿色部分相映，十分耀眼。佛焰花序，观赏价值不大。汁液有毒，接触皮肤常引起发炎和奇痒，触及眼睛导致红肿。

上盆▶

使用含土基质更好。

光照▶

花叶万年青耐阴性与耐阳性均佳，适于东面和北面阳台种植。忌阳光直射，否则容易枯叶。

温度▶

喜欢温暖，耐寒力差，冬天温度最好保持在10℃以上。

浇水▶

平时待盆土表面约1厘米处干了就浇水。喜欢较高空气湿度，气候干燥时经常向叶面喷水。冬天温度低时保持盆土不完全干掉即可。

施肥▶

每半个月施1次氮：磷：钾为2：1：1的复合肥，冬天温度低时停止施肥。

修剪▶

平时要注意剪去基部的枯黄叶。随着植株不断长高，下部叶会脱落，下部变成有明显叶痕的光杆，株形不好看，此时需要重剪，促发新枝叶，或重新扦插。

繁殖▶

在春夏季进行扦插繁殖，枝条顶端或茎段都可用来扦插。扦插容易生根，用枝条顶端扦插的同时亦可观赏，一举两得。

病虫害▶

主要有叶斑病、炭疽病、茎腐病、介壳虫、红蜘蛛等。

换盆▶

一般盆栽，当根系已挤满了花盆，可在春夏季换到更大些的花盆中。

花|匠|秘|诀

天气干燥时，每天向叶面喷水。老株要通过重剪来更新。

巴西铁

市场价位：★★★☆☆
光照指数：★★★☆☆
浇水指数：★★★☆☆
施肥指数：★★☆☆☆

巴西铁又叫香龙血树，龙舌兰科常绿乔木。叶簇生，绿色，长椭圆状披针形。有观赏价值更高的斑叶品种，如金边巴西铁、金心巴西铁。巴西铁粗大的老茎干通常称为巴西棍，把3株高矮不同的巴西棍扦插发芽后的植株，种植在一个深花盆里，这种产品被称为3桩巴西铁柱。

上盆

用含土基质栽培更佳。

光照

巴西铁喜欢明亮的光线，适宜北面和东面阳台种植。如果光线太暗，枝叶会长得弱，叶色淡，斑纹可能消失。

温度

喜温暖的环境，耐寒力差，温度低于约5℃时叶片就会受到寒害。冬天温度最好保持在8℃以上。

浇水

喜湿润，平时待盆土表面一干就浇水。特别喜欢较高的空气湿度，气候干燥时尽量把花盆放在装有石子和水的浅碟上，并且经常向叶面喷水。冬天温度低时可等盆土约3厘米深处干时再浇水。

施肥

春夏秋每半个月施1次氮：磷：钾为（2~3）：1：2的复合肥，冬天温度低时停止施肥。

修剪

平时要注意剪去基部的枯黄叶。随着茎的不断长高，下部因叶不断老化脱落而成为光秃秃的茎干。对长得太高或者株形不好的植株，可以予以短剪，让其重新萌发侧枝。因为侧枝可发出至少2个，将来的株形会更加漂亮。或者把顶端枝条剪下扦插来更新植株。

繁殖

在春夏季进行扦插繁殖。顶端枝条及茎段都可作为插条，用顶端枝条扦插要更加注意维持较高的空气湿度。

病虫害

病虫害主要有叶斑病、炭疽病、茎腐病、锈病、红蜘蛛、介壳虫、蚜虫等。

换盆

每年春季需要换1次到更大些的盆中，单株种植最大的盆直径只要20~25厘米。

花匠秘诀

天气干燥时，每天向叶面喷水。

散尾葵

市场价位：★★★☆☆
光照指数：★★★☆☆
浇水指数：★★★★☆
施肥指数：★★☆☆☆

散尾葵又名黄椰子，棕榈科丛生型常绿灌木或小乔木，生长比较慢，基部分蘖较多。叶顶生而有向上性，羽状复叶全裂，向外扩展呈拱形，绿色或淡绿色；小叶条状披针形，40~60对，平滑细长，先端柔软。

上盆▶

宜使用含土基质栽培。

光照▶

喜欢明亮的光线，宜在北面和东面阳台种植。

温度▶

喜温暖至高温，生长适温22~30℃。耐寒力差，冬天温度保持在5℃以上。

浇水▶

喜基质湿润，但不耐积水，也比较耐旱。平时待盆土表面一干就浇水，天气干燥时必须经常向叶面喷水。冬天温度低时只要保持盆土不完全干掉即可。

施肥▶

春夏秋每半个月施1次氮：磷：钾为（2~3）：1：2的复合肥，冬天温度低时停止施肥。

修剪▶

平时要注意剪去枯黄的叶尖，从基部剪去老化枯黄的叶子。

繁殖▶

采用分株繁殖。成株在基部会长出不少的小植株，在春季换盆时顺便进行分株。

病虫害▶

病害主要有炭疽病、叶斑病、叶枯病、霉污病、心腐病等，害虫主要有介壳虫、红蜘蛛等。

换盆▶

每年春季换到更大些的花盆中，一直到不易再换盆为止。此后每年只更换表土。

花|匠|秘|诀

不要让阳光直接照射。空气湿度太低时，应当每天向叶面喷水多次。

银皇后

市场价位：★★☆☆☆
光照指数：★★★☆☆
浇水指数：★★★☆☆
施肥指数：★★☆☆☆

银皇后又名银（皇）后万年青、银（皇）后亮丝草、银（皇）后粗肋草，天南星科多年生常绿草本植物。叶互生，叶柄长，基部扩大成鞘状，叶狭长，叶面上分布有大块不规则的银白色斑块。佛焰花序，没有多大的观赏价值。

上盆▶

宜用含土的基质。

光照▶

喜欢明亮的光线，怕强烈的阳光直接照射，北面阳台是很适宜的种植摆放场所。

温度▶

喜欢温暖的环境，耐寒力差，冬天温度最好保持在8℃以上。如受冻，整株溃烂。

浇水▶

平时待盆土表面约2厘米处干了就浇水，天气干燥时要经常向叶面喷水，最好把花盆放在装有石子和水的浅碟上。冬天温度低时等到盆土全部快干了才浇水。如冬季盆土过湿，叶片容易变黄而脱落。

施肥▶

春夏秋每个月施1次氮：磷：钾为（2~3）：1：2的复合肥，冬天温度低时停止施肥。

修剪▶

平时主要是剪去基部枯黄的叶子。植株太高，株形不佳时予以短剪，让其重新萌发侧枝，或者淘汰旧株重新扦插。

繁殖▶

在春季进行分株或扦插繁殖。扦插可用顶端枝条扦插，或把老茎切段进行扦插。

病虫害▶

主要有炭疽病、叶斑病、茎腐病、根腐病、红蜘蛛、介壳虫、蛞蝓、蜗牛等。

换盆▶

幼株可在春季换较大的盆。较老的植株每2年换1次盆。一般用直径13~15厘米的花盆就够了。换盆时可结合分株。

花|匠|秘|诀

天气干燥时，每天要向叶面喷几次水。植株下部叶落得多而难看时，要予以短剪。

常春藤

市场价位：★★★☆☆
光照指数：★★★☆☆
浇水指数：★★★★☆
施肥指数：★★☆☆☆

常春藤又名西洋常春藤、洋常春藤，全是具有木质茎的多年生常绿藤本植物，属五加科。枝叶密集，茎呈螺旋状生长，细弱而柔软，节上容易长出短的气生根。营养枝上的叶片三角状卵形，常3~5裂；花枝上的叶片卵形至菱形，一般全缘。总状花序，小花浅黄色。品种多，叶形变化大，在叶面上往往具有不同的斑纹镶嵌。

上盆▶

宜使用含土基质。

光照▶

喜欢明亮的光线，忌强烈阳光直射。常春藤多用吊盆种植，因为吊挂起来时阳光照射不到，可在各种阳台上吊挂装饰美化。一般盆栽可放在北面阳台上，让其下垂生长。

温度▶

性喜高温环境，生长适温为20~30℃。不甚耐寒，冬天温度最好保持在8℃以上。

浇水▶

平时待盆土表面一干就浇水，空气干燥时经常向叶面喷水。冬天温度低时减少浇水，待盆土上面约3厘米深处干后再浇水。

施肥▶

在春夏秋每半个月施一次氮：磷：钾为（2~3）：1：2的复合肥，冬天温度低时停止施肥。

修剪▶

幼苗需要通过摘心来促进多发分枝。平时要注意剪去基部枯黄的叶子。对太长不好看的枝条，可以随时剪去。对株形不好的植株，可以予以短剪，让其矮化和更新。

繁殖▶

在春夏季进行扦插繁殖，一般剪取6~10厘米的顶端枝梢作插穗，注意维持较高的空气湿度。

病虫害▶

主要有叶斑病、炭疽病、细菌叶腐病、根腐病、疫病、介壳虫、红蜘蛛、卷叶蛾等。

换盆▶

每年春季换到更大些的花盆中。

花匠秘诀

天气干燥时，每天要向叶面喷几次水。随时剪去太长不好看的枝条。

波士顿蕨

市场价位：★★★☆☆
光照指数：★★★☆☆
浇水指数：★★★★☆
施肥指数：★★☆☆☆

波士顿蕨为肾蕨科高大肾蕨的突变体，在美国波士顿市被发现，因此得名。多年生常绿草本植物。植株丛生，叶子从一支直立的地下根茎长出，根茎上部露出盆土外，成为一支粗短的地上茎。品种还有密叶波士顿蕨、皱叶波士顿蕨、细叶波士顿蕨等。波士顿蕨不会开花，是纯粹的观叶植物。

上盆

用腐叶土、河沙和园土混合作培养土效果佳。

光照

喜欢阴湿的环境，忌强烈的阳光直接照射，适于北面阳台种植。在其他阳台上，因为吊挂起来时阳光照射不到，也很适合吊挂装饰美化。

温度

喜温暖，生长适宜温度为18~28℃，在冬季温度尽量保持在8℃以上。

浇水

喜湿润，不要让盆土完全干掉，如叶子失水严重就难以恢复。平时待盆土表面一干就浇水，空气干燥时要每天向叶面喷几次水，最好把花盆放在装有石子和水的浅碟上。冬天温度低时待盆土1/3深处干后再浇水。

施肥

在春夏秋每半个月施1次氮：磷：钾为2：1：1的复合肥。使用含土基质时，每个月施1次。冬天温度低时停止施肥。

修剪

平时要注意剪去枯黄的老叶。如果叶子太密集，可疏剪去一些长叶、老叶等。

繁殖

在春季进行分株繁殖，一般结合换盆进行。

病虫害

主要有叶斑病、炭疽病、灰霉病、根腐病、介壳虫、蚜虫、红蜘蛛、蜗牛等。

换盆

当根长满盆时就要在春季换盆，换到更大些的花盆中。因为植株会越长越多，如不需要太大盆就可分株。

花匠秘诀

天气干燥时，每天要向叶面喷几次水。随时剪去太长以及老化枯黄的叶子。

富贵树

市场价位：★★★☆☆
光照指数：★★★★☆
浇水指数：★★★☆☆
施肥指数：★★★☆☆

富贵树又名幌伞枫、罗伞枫、五加通，五加科常绿乔木，我国南方有原产。叶子主要集中在茎干顶部，树冠近球形。3~5回羽状复叶，长可达1米多；小叶椭圆形。花期10~12月，伞形花序密集成头状。

上盆

宜使用含土基质及重质花盆。

光照

对光线适应能力较强，喜光，也耐半阴，适于东面、南面和北面阳台种植。

温度

喜高温多湿的气候，当温度低于8℃时停止生长。冬天温度最好保持在5℃以上。

浇水

喜湿润，忌干旱，干旱时易引起下部叶片黄化、脱落，上部叶片无光泽。平时待盆土表面1厘米深处干时就浇水，空气干燥时经常向叶面喷水。冬天温度低时待盆土上半部干后再浇水。

施肥

在春夏秋季，每半个月施1次氮：磷：钾为（2~3）：1：2的复合肥，冬天温度低时停止施肥。

修剪

平时要注意剪去基部枯黄的叶子。对长得太高或者株形不好的植株，可在生长期短剪，让其重新萌发侧枝。

繁殖

以播种繁殖为主，也可用茎段进行扦插。种子无休眠习性，可随采随播，容易发芽。

病虫害

病虫害少见，主要有叶斑病、煤污病、介壳虫等。

换盆

每年春季换到更大些的花盆中，一直换到不再适宜换更大的盆为止，此后就只更换表土。

花匠秘诀

天气干燥时，每天向叶面喷水。每年春季要换1次盆。

橡胶榕

市场价位：★★★☆☆
光照指数：★★★★☆
浇水指数：★★★☆☆
施肥指数：★★★☆☆

橡胶榕又称印度橡胶榕、缅榕、橡皮树等，桑科常绿乔木。体内有乳汁，枝干上易生气根。叶椭圆形或长卵形。新芽红或粉红色。有不少品种，叶色富于变化，有翠绿、墨绿、褐红、紫黑等，而且往往还分布有金黄、黄白、淡红、红色等斑纹，叶片硕大，色彩艳丽。

上盆▶

宜使用含土基质，特别是对于较大的植株。橡胶榕的根较适宜在略为局促的情况下生长，所以使用的花盆可比一般看起来需要相匹配的小一些。

光照▶

喜阳光，幼株能耐阴。阳光越强，叶色越漂亮，所以叶片有色彩的品种在南面阳台种植最佳，绿叶品种在东面、南面和北面阳台种植均适宜。

温度▶

喜高温多湿环境，生长适宜温度为23~32℃。冬天温度保持在5℃以上。

浇水▶

耐旱能力强，水多了下部叶子容易脱落。平时待盆土约一半干了再浇水，空气干燥时经常向叶面喷水。冬天温度低时，让盆土全部干了再浇水。

施肥▶

在春夏秋每半个月施1次氮：磷：钾为（2~3）：1：2的复合肥，冬天温度低时停止施肥。

修剪▶

平时要注意剪去基部枯黄的叶子。如果不想要茎上长出的气生根，可随时剪去。对长得太高或者株形不好的植株，可进行短剪更新，让其重新萌发新枝。

繁殖▶

在春夏季用茎段进行扦插繁殖。

病虫害▶

病害主要有炭疽病、灰斑病、灰霉病等，害虫主要有介壳虫、蓟马等。

换盆▶

当看到有不少根从盆底排水孔下长出，或者盆土表面有许多细根时，则在春夏季换到更大些的花盆中，一直换到不再适宜换更大的盆为止。此后就只更换表土。

花|匠|秘|诀

天气干燥时，每天向叶面进行喷水。每年春季要换1次盆。

金钱树

市场价位：★★★★☆
光照指数：★★★☆☆
浇水指数：★☆☆☆☆
施肥指数：★★☆☆☆

金钱树又称金币树、雪铁芋、泽米叶天南星，天南星科多年生常绿草本植物。以观叶为主。羽状复叶大型，自块茎顶端抽生，每个叶轴有对生或近似对生的小叶6~10对。小叶卵形，厚革质，墨绿色，有金属光泽，其形状似铜钱因此得名。佛焰花苞绿色，船形，肉穗花序较短。

上盆▶

适宜使用含沙多的无土基质。

光照▶

比较喜光又有较强的耐阴性，但忌强烈的阳光直射，而冬季则可接受阳光，因此适于北面和东面阳台种植。

温度▶

原产于雨量偏少的热带草原气候区，生长适温为20~32℃，畏寒冷。冬季温度最好保持在8℃以上，低于5℃易受寒害。

浇水▶

比较耐干旱，怕土壤黏重和盆土长期湿润，更忌盆内积水，否则容易导致块茎腐烂、植株死亡。平时可等盆土全部干了才浇水，空气干燥期间可向叶面喷水，冬季温度低时比平时更加严格控制浇水。

施肥▶

春夏秋每个月施1次氮：磷：钾为2：1：2的复合肥，冬季温度低时停止施肥。

修剪▶

平时要注意剪去基部的枯黄叶。

繁殖▶

一般用分株法繁殖，通常结合换盆时进行。

病虫害▶

病虫害主要有晚疫病、霜霉病、灰霉病、枯萎病、细菌性茎腐病、红蜘蛛、菜青虫等。

换盆▶

每年春季换到更大些的花盆中。

花|匠|秘|诀

平时不要浇水过多，宁愿让基质干些，否则植株容易腐烂死亡。

圆叶椒草

市场价位：★★☆☆☆
光照指数：★★★★☆
浇水指数：★★☆☆☆
施肥指数：★★☆☆☆

圆叶椒草又称圆叶豆瓣绿，胡椒科多年生常绿草本植物。叶厚肉质，心形。品种有乳斑椒草，又称花叶豆瓣绿，叶缘有不规则的黄色斑纹；绿金圆叶椒草，又称撒金椒草，叶浓绿色，叶面有不规则的浅绿至乳黄色斑块，有时叶面黄绿色而斑块为浓绿色；红边圆叶椒草，又称红宝石椒草，叶边缘为红色等。

上盆

尽可能使用无土基质。椒草类的根不多，用浅盆、较小的盆来栽种也能够良好地生长。

光照

喜欢半阴的环境，适于北面阳台种植。

温度

喜温暖，生长适温为20~28℃。不耐寒，冬季温度最好保持在8℃以上。

浇水

由于叶片肉质肥厚，耐盆土干旱能力比较强，应当让盆土快全部干了再浇水，短时间的过湿也可能导致植株大量落叶，时间更长时易导致腐烂死亡。虽然叶片肉质肥厚，但是它们不是原产干旱地带的肉质植物，它们对空气湿度要求高，空气湿度太低会引起大量落叶。因此在天气干燥时，要经常向叶面喷水，最好把花盆放在装有石子和水的浅碟上。冬天温度低时，待盆土全部干了再浇水。

施肥

在春夏秋每个月施1次氮：磷：钾为（2~3）：1：2的复合肥，冬天温度低时停止施肥。

修剪

如果要盆株长得茂密，可在春夏季摘心。平时要注意剪去基部枯黄的叶子。

繁殖

用5~8厘米长的枝梢作插穗，在春夏季扦插繁殖。

病虫害

病害主要有叶斑病、白绢病、环斑病毒病、根颈腐烂病等，害虫主要有介壳虫、蓟马等。

换盆

每2年换1次盆，在春夏季换到更大些的盆中，最后换到最大直径12厘米左右的花盆就够了。

花匠秘诀

平时不可浇水太多，但天气干燥时则要向叶面喷水。冬天要注意防寒。

绿巨人

市场价位：★★★☆☆
光照指数：★★☆☆☆
浇水指数：★★★★☆
施肥指数：★★☆☆☆

绿巨人又叫绿巨人白掌、大叶白掌，天南星科多年生常绿草本植物。叶阔披针形，表面深绿色有丝光。花期4~7月，佛焰花序腋生，花序苞初开时为白色，后转为绿色长勺状，有芳香。成年植株每年开1~3枝花，每枝花可开放20~25天。

上盆▶

使用含土基质或无土基质都很适合。

光照▶

以明亮的光线为佳，适于北面阳台种植。耐阴性强，阳台较暗的位置也适宜摆放。

温度▶

喜欢温暖的环境，耐寒力差，冬天温度最好保持在8℃以上。

浇水▶

平时待盆土表面一干就浇水，喜欢较高的空气湿度，天气干燥时要经常向叶面喷水。冬天温度低时，可等到盆土一半深处干时再浇水。

施肥▶

春夏秋每半个月施1次氮：磷：钾为（2~3）：1：2的复合肥，冬季温度低时不用施肥。

修剪▶

主要是随时剪去基部枯黄的叶子。

繁殖▶

绿巨人一株只有一茎，只有长到足够的老熟才会萌发侧芽，侧芽有数片叶子时才可进行分株繁殖。如果植株没有长到足够的老熟，只有把其茎尖生长点人为破坏，才会分蘖出3~5个芽。当新芽长至15~20厘米时可将其分切来扦插，但是此法破坏了原植株，不适合家庭应用，最好还是去市场上购买小苗。

病虫害▶

主要有叶斑病、炭疽病、茎腐病（俗称黑头病）、心腐病、红蜘蛛、介壳虫、蛞蝓、蜗牛等。

换盆▶

每年春季，换到更大些的盆中。

花|匠|秘|诀

不能够让阳光直接照射。空气湿度太低时，应当每天向叶面喷水多次。

圆叶福禄桐

市场价位：★★★☆☆
光照指数：★★★☆☆
浇水指数：★★★☆☆
施肥指数：★★☆☆☆

圆叶福禄桐又称圆叶南洋参、圆叶南洋森，五加科常绿灌木或小乔木。盆栽不超过1.5米，茎带铜色，密布皮孔。三小叶复叶，有时为单叶，叶宽卵形或圆形，叶缘稍带白色。圆叶福禄桐有观赏价值更高的斑叶品种，如白斑福禄桐、镶边圆叶福禄桐等。

上盆▶

宜使用含土基质。

光照▶

喜欢明亮的光线，忌强烈阳光直射，适于北面和东面阳台种植。

温度▶

性喜高温环境，生长适温为20~30℃。不甚耐寒，冬天温度最好保持在8℃以上。

浇水▶

平时待盆土表面一干就浇水。空气干燥时经常向叶面喷水，最好把花盆放在装有石子和水的浅碟上。冬天温度低时控制浇水。

施肥▶

在春夏秋每半个月施1次氮：磷：钾为（2~3）：1：2的复合肥，冬天温度低时停止施肥。

修剪▶

幼苗和植株可通过摘心来促进多发侧枝。平时要注意剪去基部枯黄的叶子。随着茎的不断长高，下部因叶不断老化脱落而成为光秃秃的茎干。对长得太高或者株形不好的植株，可以进行短剪，让其矮化和更新。

繁殖▶

在春夏季进行扦插繁殖，一般剪取8~10厘米的顶端枝梢作插穗，注意维持较高的空气湿度。

病虫害▶

主要有叶斑病、炭疽病、叶疫病、茎腐病、介壳虫、红蜘蛛、蓟马、潜叶蛾等。

换盆▶

每年春季换到更大些的花盆中，一直换到直径约25厘米的花盆为止。

花|匠|秘|诀

天气干燥时，每天向叶面喷水。每年春季要换1次盆。

孔雀竹芋

市场价位：★★☆☆☆
光照指数：★★★☆☆
浇水指数：★★★★☆
施肥指数：★★☆☆☆

孔雀竹芋又名五色葛郁金，竹芋科多年生常绿草本植物，具有地下根茎。从根茎上直接长出成丛的叶子。叶片长椭圆形，叶背紫色；叶面银绿色，并从中脉放射出深绿色具有独特金属光泽的近长椭圆形或圆形斑纹，形态酷似孔雀尾羽。叶片还有非常奇特的"睡眠运动"，即叶片白天展开，到晚上就会摺合。多于夏季开花，花的观赏价值不高。

上盆

适宜使用无土基质栽培。

光照

喜欢光线明亮的环境，害怕阳光直接照射，适于北面阳台种植。

温度

喜温暖，生长适温为20~28℃，气温超过35℃时植株生长会出现停滞，叶色也可能变黄，应注意通风和喷水降温。耐寒力差，冬天温度最好保持在8℃以上。

浇水

喜湿润，平时待盆土表面一干就浇水。气温高时湿度也要高，气候干燥时经常向叶面再喷水，最好把花盆放在装有石子和水的浅碟上。冬天温度低时可等盆土约1厘米深处干时再浇水。

施肥

春夏秋每半个月施1次氮：磷：钾为2：1：1的复合肥，冬天温度低时停止施肥。

修剪

平时要注意及时剪去基部的枯黄叶。

繁殖

结合换盆时进行分株繁殖，以丛为单位进行分株。

病虫害

主要有叶斑病、炭疽病、叶枯病、灰霉病、红蜘蛛、蚜虫、介壳虫等。

换盆

每年换到更大些的花盆中，春末夏初换盆最好。株丛太大时可予以分株。

花匠秘诀

不要让阳光直接照射。空气湿度太低时，应当每天向叶面喷水多次，以保持较高空气湿度。

棕竹

市场价位：★★☆☆☆
光照指数：★★★☆☆
浇水指数：★★★☆☆
施肥指数：★★☆☆☆

棕竹又叫大叶棕竹、观音棕竹，棕榈科常绿丛生灌木。生长缓慢。茎圆柱形。叶质硬挺，集生茎顶，掌状深裂；裂片条状披针形，顶端略宽，有不规则齿缺，横脉多而明显。叶柄长，具齿刺。棕竹的变异品种有花叶棕竹，或叫斑叶棕竹，叶面上具有黄色或白色条纹，观赏价值更高。

上盆▶

宜使用含土基质来种植。

光照▶

喜欢明亮的光线，适宜在东面和北面阳台种植。

温度▶

喜欢温暖的环境，生长适温为20~30℃。比较耐寒，冬天温度最好保持在5℃以上。

浇水▶

喜湿润，平时待盆土表面1厘米深处干时就浇水，气候干燥时经常向叶面喷水。冬天温度低时可等盆土约一半干时再浇水。

施肥▶

春夏秋每个月施1次氮：磷：钾为（2~3）：1：2的复合肥，冬天温度低时停止施肥。

修剪▶

平时要注意从基部剪去枯黄的叶。长得太高的老茎，可以从基部把它剪去。

繁殖▶

成株在基部会长出一些小植株，在春季把它们分割下来种植即可。

病虫害▶

主要有叶斑病、叶枯病、灰斑病、煤污病、茎枯病、介壳虫、红蜘蛛、蓟马等。

换盆▶

因生长慢，每隔2年才换到更大些的花盆中，在春季进行。

花|匠|秘|诀

天气干燥时，每天向叶面喷水。

观赏小辣椒

市场价位：★★☆☆☆
光照指数：★★★★★
浇水指数：★★★☆☆
施肥指数：★★★☆☆

观赏小辣椒是指那些主要用于观赏的小辣椒品种，为茄科多年生草本植物或亚灌木，但一般作为一二年生栽培。浆果，有蜡质光泽。品种多，都能结出大量的果实，果实有朝天与下垂的，果形有尖锥形、圆锥形、球形、纺锤形、卵形等，果色有黄、橙、红、紫、黑、白等。

上盆▶

当播种苗的真叶有5~6片时，就可上盆定植，最大的花盆直径有12厘米左右就够了。

光照▶

喜阳光充足和通风的环境，每天至少需要三四小时的直射阳光。如果光照不足，叶、果就可能枯萎脱落。南面阳台最适宜种植，其次是东面阳台。

温度▶

性喜温暖至高温，不耐寒，通常春天播种。如果作为多年生栽培，或者是秋天播种，冬天盆株应当置于5℃以上的地方。

浇水▶

喜湿润，不耐旱，也不耐盆土积水。通常等盆土表面一干就可浇水，空气湿度太干燥时可向叶面喷水，或把花盆置于装有石子和水的浅碟上。冬季温度低时，等盆土一半干时再浇水。

施肥▶

每半个月施1次氮：磷：钾为1:1:1的复合肥。

修剪▶

幼苗长至约10厘米高时摘心1次，以促发分枝、多开花。一般到果实不具观赏价值之后就把植株抛弃，重新播种繁殖。

繁殖▶

一般用播种繁殖，只要温度适合（如在热带地区），一年四季都可进行播种。通常在春天进行播种，种子发芽适温为18~22℃。因为市场上很少见到有小包装的种子卖，如果能够买到小苗更好。

病虫害▶

主要有幼苗猝倒病、炭疽病、疫病、软腐病、红蜘蛛、蚜虫等。

换盆▶

因为一般作为一二年生栽培，所以不需要换盆。

花|匠|秘|诀

把植株放在阳光充足的位置，开花和结果才会良好。

火棘

市场价位：★★★☆☆
光照指数：★★★★★
浇水指数：★★★☆☆
施肥指数：★★★★☆

火棘又叫火把果、救军粮、状元红等，蔷薇科常绿灌木或小乔木。梨果，扁球形或近球形，幼果绿色，成熟果橘红或深红色，径约0.5厘米。花期4~5月，果期8~12月。有不少种类品种，有的果实是橙黄色。火棘是阳台盆栽观果珍品，还可制成各种盆景。

上盆▶

适宜使用含土基质。

光照▶

喜阳光充足的环境，适于南面阳台种植。

温度▶

喜温暖，生长适温为20~30℃，但也较耐寒，能耐-10℃的低温。南方可在阳台上安全越冬，北方在冬季温度下降至-5℃时要入室越冬。

浇水▶

喜湿润，亦能耐干旱，一般可等盆土一半干了再浇水，冬天可等盆土完全干了再浇水。

施肥▶

喜肥，也耐瘠。若要生长旺盛以及多开花结果，则应充分施肥。平时每半个月施1次氮：磷：钾为1：1：1的复合肥，冬季不需施肥。

修剪▶

夏季是开花结果期，夏季末植株可能会长一次新梢，须把其摘去，以促进果实的良好生长。植株上发出的徒长枝和根部萌蘖枝也要随时剪去。中秋前后，果实逐渐成熟，枝梢的处理方法与夏梢基本相同，但必须保留所萌发的短枝，因为这些短枝是第二年的开花结果枝。火棘耐修剪，株形不好的植株在果后重剪。

繁殖▶

可用扦插法繁殖。在2~3月进行，选择1~2年生粗壮枝条，剪成10~15厘米长作为插穗，或者在梅雨季节进行嫩枝扦插，随剪随插。

病虫害▶

主要有根腐病、锈病、白粉病、煤烟病、蚜虫、红蜘蛛、介壳虫、毛虫等。

换盆▶

由于植株须根不多，上盆时需多带土及防止伤根。每年春季，把植株换至更大些的花盆中。

花|匠|秘|诀

把植株放在阳光充足的位置，开花和结果才会良好。

观赏小番茄

市场价位：★★★☆☆
光照指数：★★★★★
浇水指数：★★★☆☆
施肥指数：★★★☆☆

观赏小番茄是指那些专门培育出的矮生、果实小巧玲珑、以观赏为主的番茄品种。属茄科一年生草本植物，茎半直立或蔓性。浆果肉质，因品种不同，有深红、粉红、淡黄、橙黄等颜色。

上盆

使用含土基质更加适宜。也可用吊盆栽种，花盆直径不要超过20厘米。

光照

属于阳性植物，适宜在南面阳台种植摆放。

温度

属喜温植物，既不耐寒，也不耐炎热。生长温度不宜高于30℃，在35℃以上生长就会受到严重影响，而温度低于10℃时则易受到寒害。在我国长江以南地区的平地，一般难以度过夏天。

浇水

喜湿润，平时表土一干即可浇水，天气干燥时经常向叶面喷水。冬天温度低时，控制浇水。

施肥

每半个月施1次氮：磷：钾为1：1：1的复合肥。

修剪

幼苗不摘心或摘心1次。植株长高时需注意立柱支撑，防止倒伏。

繁殖

通常在春季播种繁殖，在华南冬季温暖地区也可在秋季播种。种子发芽最适宜的温度为20~30℃，种子覆土约0.3厘米厚，3~4天即可发芽。等幼苗具有5~6片真叶时上盆。市场上很少见到有小包装的种子卖，如果能够买到小苗更好，也不要那么麻烦。

病虫害

主要有疫病、枯萎病、叶霉病、灰霉病、白绢病、绵疫病、斑枯病、细菌性软腐病、果实溃疡病、蚜虫、白粉虱等。

换盆

因为属于一年生植物，结果后植株会慢慢死亡，故不需要换盆。

花匠秘诀

把植株放在阳光充足的位置，开花和结果才会良好。

石榴

市场价位：★★☆☆☆
光照指数：★★★★★
浇水指数：★★★☆☆
施肥指数：★★★☆☆

石榴又叫安石榴、若榴、丹若等，石榴科落叶灌木或小乔木，在热带、亚热带则变为常绿或部分落叶。树冠呈自然开心形，分枝多。春、夏、秋均能开花。品种多，花有单瓣和重瓣，花色多为鲜红色，故有火石榴之称。浆果球形，鲜红、淡红、黄、橙黄或白色。

上盆▶

使用含土基质。

光照▶

喜日照充足的环境，光照越充足，花开越多越鲜艳，果结越好，适于南面阳台种植。光照不足时，只长叶不开花。

温度▶

喜温暖，耐热也耐寒。在冬天温度较低时即会开始落叶休眠，休眠期间能忍耐-10℃的低温。目前在我国，南北各地除极寒地区外，均有石榴栽培分布。

浇水▶

喜干燥，耐旱能力较强，怕积水。在水分管理中，在生长期可等到盆土一半干后再浇水，在落叶休眠期土壤干后数天才浇水。

施肥▶

从春季至秋，每半个月施1次氮：磷：钾为1：1：1的复合肥，冬季休眠期停止施肥。

修剪▶

一般不需要采取什么大的修剪，通常只是发现有细弱枝、过密重叠枝时，在冬季或早春时把它们剪去。只有对株形不好或老化的植株才短剪或重剪。

繁殖▶

家庭可用扦插进行繁殖。在春末至夏季，用5~8厘米长的枝条作插穗，枝条最好带一小块老树皮。

病虫害▶

主要有早期落叶病（7月底至8月上中旬叶落光）、煤污病、白腐病、黑痘病、蚜虫、红蜘蛛、介壳虫、刺蛾、斜纹夜蛾等。

换盆▶

石榴的根如果略受限制，花就会开得更加茂盛些。所以，每2年才需换1个较大的盆，直至换到最大的花盆有20厘米左右即可，此后换盆时盆的大小可不换。换盆时间在春季萌芽前后。

花匠秘诀

要把植株放在阳光充足的位置，开花和结果才会良好。

马齿苋树

市场价位：★★☆☆☆
光照指数：★★★★★
浇水指数：★★☆☆☆
施肥指数：★★☆☆☆

马齿苋树又叫树马齿苋、绿玉树、金枝玉叶、小叶玻璃翠，马齿苋科马齿苋属多年生肉质灌木或小乔木。茎肉质，分枝多。叶对生，肉质，倒卵状三角形，极似一般的马齿苋的叶，因此得名。小花淡粉色。还有一些变异品种，如斑叶马齿苋树等。

上盆▶

幼苗用小盆栽种。

光照▶

喜阳光充足的环境，也耐半阴，适于在不同朝向阳台上种植。

温度▶

喜温暖的环境，夏季温度太高时植株会呈半休眠状态，所以力求通风凉爽。不耐寒，低于约5℃时叶片容易脱落，冬天温度最好保持在6~15℃。

浇水▶

具有强的耐旱能力，不耐涝。在春季和秋季，等盆土表面约一半深处干时再浇水；夏季高温以及冬季低温时，至少要等到盆土全部干后再浇水。

施肥▶

平时每隔20天左右施1次氮：磷：钾为1：1：1的复合肥，夏季高温以及冬季低温时停止施肥。

修剪▶

马齿苋树耐修剪，其茎干分枝不规则，在生长过程中须不断修剪整形，可随时把长得太长或零乱的枝条短剪，甚至完全剪去，才能保持优美的株形。对于株形不好的老株，可结合换盆进行重剪，让其重发新枝。

马齿苋树也可作为盆景进行造型，制作成斜干式等。

繁殖▶

一般用扦插进行繁殖。可在春季或夏季，切取健壮充实、节间较短、8厘米左右长的茎段，摘去下部叶子，置于阴凉处2天左右，让伤口愈合后再扦插。扦插期间浇水也不要太频繁，经过15~20天可生根。

病虫害▶

主要有炭疽病、粉虱、介壳虫等。

换盆▶

每2年换盆1次，在春季把植株换到更大些的花盆中。

花|匠|秘|诀

在生长过程中需不断修剪，才能保持优美的株形。

阳台难养花卉栽培经验

蝴蝶兰

市场价位：★★★★☆
光照指数：★★★☆☆
浇水指数：★★★☆☆
施肥指数：★★☆☆☆

蝴蝶兰为兰科多年生常绿附生型草本植物。通常春季开花，春节出售的开花株都是经过特别栽培的。每朵花的观赏时间可长达3周。品种相当多，花色有白、黄、红、蓝、淡紫、橙赤等，还有双色或三色的。

上盆▶

使用石子、树皮、陶粒、木炭等，单独或两种混合起来作基质，也可直接用水苔来种植。

光照▶

喜半阴的环境，特别害怕强烈的阳光直接照射，适于种植在北面和东面阳台。

温度▶

喜温暖，生长适温为15~25℃。不耐寒，冬季到10℃以下时就会停止生长，低于5℃时容易引起死亡。

浇水▶

平时待基质表面约1厘米深处干时再浇水。喜欢高的空气湿度，空气干燥期间要经常向叶面喷水，最好把花盆放在装有石子和水的浅碟上。冬天温度低时，待基质完全干后再浇水。

施肥▶

从春至秋每15天左右施1次低浓度的氮：磷：钾为1：1：1的复合肥，或者用0.05%~0.1%的浓度喷叶。冬季停止施肥。

修剪▶

当基部的叶子老化枯黄时，要注意剪去。开花时长出的花茎容易长歪，须及时插支柱支撑。花全部开完后，把部分花茎剪去，剩下的花茎上部节处可能会长出小植株出来。当小植株的根有3厘米左右长时，就可切下来种植，然后再剪去残花茎。

繁殖▶

把开完花后植株基部或残花茎上长出小植株切下来，直接种植即可。

病虫害▶

主要有叶斑病、炭疽病、灰霉病、褐斑病、细菌性软腐病、叶斑病、蚜虫、蓟马、红蜘蛛、介壳虫、蜗牛、蛞蝓等。

换盆▶

两年换1次盆，开完花后除冬季外，都可进行换盆，把植株换入到更大一些的盆中。

花匠秘诀

使用的基质要十分排水透气。不能够让强烈的阳光直接照射。空气干燥时，要经常向叶面喷水。

红掌

市场价位：★★★☆☆
光照指数：★★★☆☆
浇水指数：★★★☆☆
施肥指数：★★☆☆☆

红掌又叫花烛、安祖花、火鹤花，天南星科多年生常绿草本植物。花梗顶端着生佛焰花序，肉穗花序金黄色、直立，佛焰苞伸展开，阔心脏形。杂交品种多，佛焰苞有红、桃红、朱红、白、绿、红底绿纹、鹅黄色等。

上盆▶

适宜使用无土基质。

光照▶

喜半阴的环境，忌强烈阳光直射，适于种植在东面或北面阳台。

温度▶

性喜高温，生长适温为20~30℃。耐寒性差，冬季温度最好保持在7℃以上。

浇水▶

喜湿润，平时见盆土表面一干就可浇水。喜欢较高的空气相对湿度，以70%~80%为佳，因此在空气干燥时每天要向叶片喷几次水。最好把花盆放在装有石子和水的浅碟上。冬季温度低时，可等盆土约2厘米深处干了再浇水。

施肥▶

从春季叶片开始生长起，一直到秋季，可每半个月给盆土施1次少量的氮：磷：钾为1：1：1的复合肥。冬季温度低时停止施肥。

修剪▶

主要剪去基部的枯黄叶及残花茎。开花时如果花茎易弯，要立柱支撑，以免花茎折断。

繁殖▶

通常用分株法进行繁殖，结合换盆时进行。

病虫害▶

主要有真菌性叶斑病、炭疽病、根腐病、细菌性叶斑病、叶枯病、线虫、红蜘蛛、蚜虫、白粉虱、蓟马、介壳虫等。

换盆▶

每年春季将植株换入到更大一些的盆中，最大的花盆直径18厘米就够了。

花|匠|秘|诀

天气干燥时，要经常向叶片喷水。每年春季要换盆。

一品红

市场价位：★★★☆☆
光照指数：★★★☆☆
浇水指数：★★★☆☆
施肥指数：★★☆☆☆

一品红又叫圣诞花、圣诞红、圣诞树，大戟科常绿灌木。小花黄绿色，不漂亮，主要观赏的部分是每丛小花下周围长出的多达10余片、具有艳丽色彩的苞片。杂交品种多，苞片颜色有深红、粉红、黄、白等。苞片观赏时间可维持2个多月之久。

上盆▶

适宜使用含土基质。

光照▶

忌强烈阳光直射，但光线太差也不行，以东面阳台种植摆放为佳。

温度▶

喜温暖，生长适温为20~28℃。不耐低温，更怕霜冻，冬季温度最好保持在6℃以上。

浇水▶

比较喜湿润，平时等盆土表面约1厘米深处干了就可浇水，天气干燥时向叶片喷水。冬季可等盆土约一半深处干了再浇水。

施肥▶

每个月向盆土中施1次氮：磷：钾为1:1:1的复合肥，花后至冬季停止施肥。

修剪▶

上盆后的植株，需要摘心，以矮化植株及促发分枝。摘心次数多，分枝也多。大盆要求花更多，摘心通常在2次以上。摘心在上盆后1~2周即可开始，摘去顶芽心部，一般长在2厘米以内。如果迟摘心，则摘去的部分长一些。老株分枝太多时，则疏去部分过密枝、弱枝。

繁殖▶

春季用枝条顶端或茎段扦插繁殖，扦插基质需要用无土材料，如把泥炭与河沙等量混合配制。插穗基部要放在水里洗去白色乳汁，然后沾生根粉再插。手接触到乳汁后要把手洗干净。顶枝扦插要特别注意保持较高的空气湿度，可用透明的塑料袋把插穗与花盆套起来保湿。

病虫害▶

主要有真菌性叶斑病、炭疽病、褐斑病、白粉病、灰霉病、根茎腐病、红蜘蛛、蚜虫、粉虱等。

换盆▶

每年春季将植株换新土，盆的大小不换或仅大少许。换盆前先对植株重剪（或者在苞片凋谢后就先重剪），只留下茎基部3~5厘米长即可。也可丢掉老株，重新扦插更新。

花|匠|秘|诀

幼苗需要摘心。每年春季要对植株重剪，然后换盆。

文心兰

市场价位：★★★☆☆
光照指数：★★★☆☆
浇水指数：★★★☆☆
施肥指数：★★☆☆☆

文心兰又名舞女兰、跳舞兰，兰科多年生常绿附生型草本植物。开花时一般从假鳞茎基部抽出一支细长的花茎，上面会开出数量不等的小花朵，有的多达数百朵。品种相当多，花色以黄色和棕色为主，还有绿色、白色、红色和洋红色等。每朵花看起来好像是飞翔的金蝶，又似翩翩起舞的少女，因此得名跳舞兰。

上盆▶

使用石子、树皮、陶粒、木炭等，单独或两种混合起来作基质。

光照▶

喜光，但是忌强烈的太阳光直接照射。最适合种植在东面阳台，其次为北面阳台。

温度▶

喜欢温暖的环境，生长适温为18~25℃。不耐寒，冬季保持在7℃以上。

浇水▶

平时待基质约一半干时再浇水。喜欢较高的空气湿度，空气干燥期间要经常向叶面喷水，最好把花盆放在装有石子和水的浅碟上。冬天温度低时，待基质完全干后再浇水。

施肥▶

从春至秋每20天左右施1次低浓度的氮：磷：钾为1：1：1的复合肥，或者用0.05%~0.1%的浓度喷叶。冬季温度低时不要施肥。

修剪▶

平时要注意剪去基部的老化枯黄叶。花茎易弯曲时须立支柱支撑。花全部开完后把残花茎剪去。

繁殖▶

结合换盆进行分株繁殖，要以2~4个假鳞茎为一单位分开来种植。

病虫害▶

主要有炭疽病、叶斑病、灰霉病、病毒病、细菌性软腐病、介壳虫、白粉虱、蜗牛、蛞蝓等。

换盆▶

除了冬季外，每年在花后将植株换入到更大一些的盆中。换盆时，要以2~4个假鳞茎为一单位分开来，然后把每丛靠近花盆边、有新芽的部分向着盆中心，沿着四周种植上盆。

花|匠|秘|诀

使用的基质要十分排水透气。不能够让强烈的阳光直接照射。空气干燥时，要经常向叶面喷水。

茶花

市场价位：★★★☆☆
光照指数：★★★★☆
浇水指数：★★★☆☆
施肥指数：★★★☆☆

茶花，山茶科常绿灌木或小乔木。花单生或2~3朵着生于枝梢顶端或叶腋间。品种很多，花有单瓣、半重瓣或重瓣之分，花的颜色有红、白、黄、紫等。花期也因品种而不同，从10月至翌年4月间都有花开放。蒴果，球形或有棱，但大多数重瓣花品种不能结果。

上盆▶

适宜使用含土基质。

光照▶

喜欢较强的光照，但是忌夏季强烈的阳光暴晒，光线太差也不利于生长开花，最适合在东面阳台种植，北面阳台光线会差一些。

温度▶

性喜温暖，过冷过热或多风地均不适宜，生长适温为18~25℃；耐寒力好，一般品种耐-4~-3℃，有的品种能短时间耐-10℃。

浇水▶

喜土壤湿润，但不宜长期过湿，过于干燥则叶片发生卷曲，也会影响花蕾发育。平时待盆土表面一干时就浇水，空气干燥期间要经常向叶面喷水。冬天保持盆土不完全干掉即可，忌盆土过湿。

施肥▶

从春至秋每半个月施1次氮：磷：钾为1：1：1的复合肥，冬季不要施肥。

修剪▶

茶花通常结的花蕾多，但难以开放，主要是分配到各个花蕾里的营养不足，因此需要疏去多数花蕾，每个枝条只留下1~2个即可，留下的花蕾在植株上要分布均匀。平时也要注意剪去徒长枝或枯枝。过高的植株可结合换盆时进行短剪。

繁殖▶

夏初用当年生半木质化枝条的顶端作插穗，进行扦插繁殖。

病虫害▶

主要有炭疽病、叶斑病、煤污病、灰霉病、枯枝病、花腐病、介壳虫、蚜虫、黑刺粉虱、潜叶蛾等。

换盆▶

每1~2年换1次较大的盆，直到不适合再换更大的盆时，只换表土。

花匠秘诀

在花蕾期，需要疏去多数花蕾，每个枝条只留下1~2个即可。

微型月季

市场价位：★★☆☆☆
光照指数：★★★★★
浇水指数：★★★☆☆
施肥指数：★★★☆☆

微型月季为月季中最小型的品种，株高一般不超过30厘米。花色丰富，很适于阳台盆栽。微型月季也有多种类型，如有四季成簇开花的丰花型微型月季，有长梗、单开、高心大花的杂种茶香型微型月季等。

上盆▶

适宜使用含土基质。

光照▶

喜欢阳光充足的环境，适于南面阳台种植。

温度▶

喜欢较冷凉的天气，生长最适温度为18~25℃。若温度高于35℃，则生长不良，开花质量差。在华南地区夏季高温加上高湿，宜适当遮阴，力求通风凉爽。5℃以下会落叶休眠，耐寒性好，能够耐-15℃的低温。

浇水▶

喜湿润，平时盆土表面一干就浇水。如果冬季落叶休眠，则可等盆土完全干了再在中午前后浇水。

施肥▶

因为花期长，所需要的营养元素多，所以每半个月就要向盆土施1次氮：磷：钾为1：1：1的复合肥。冬天落叶休眠期不要施肥。

修剪▶

随时都要注意修剪，要剪去枯枝、细弱枝等，徒长枝要短剪或从基部全部剪去。剪残花茎时，要剪去数厘米长，利于继续开出高质量的花。对休眠的植株，则在每年换盆前先疏剪，只留下3~5个健壮的枝条（过老的枝条也不要留，从基部剪去），再对其重剪，只留下4~6个节即可。

繁殖▶

一般在初春，用5~6厘米的枝条顶端作为插穗，进行扦插繁殖。

病虫害▶

病虫害比较多，其中黑斑病最为常见，在雨水多、空气湿度大时发病严重。初期起斑点，然后斑点扩大。斑点多时整个叶片枯黄脱落。

换盆▶

每年春季换到更大些的盆栽中，直至最大花盆直径有20厘米就够了，此后每年仅换土。

花|匠|秘|诀

要把盆株放在阳光充足的地方。要经常修剪，剪去枯枝、细弱枝、过密枝、残花、残花茎等。剪残花茎时，要连同下部几片叶子一起剪去。

西洋杜鹃

市场价位：★★★☆☆
光照指数：★★★☆☆
浇水指数：★★★☆☆
施肥指数：★★★☆☆

西洋杜鹃又叫西鹃、比利时杜鹃，杜鹃花科常绿灌木，由西方利用多种杜鹃反复杂交而成，为杜鹃花中最矮小也是最美的一类。总状花序，花顶生，花冠阔漏斗状。品种很多，花有单瓣、半重瓣和重瓣之分，花色有粉红、红、橙红、白色嵌粉色边、红白相间等。一般冬春开花，花期长。

上盆▶

适宜使用含土基质。

光照▶

喜欢半阴的环境，忌强光暴晒，适于东面阳台种植。要经常进行转盆。

温度▶

喜欢比较冷凉的天气，生长适温为15~20℃。忌高温多湿，在华南地区度夏不易，必须遮阴，力求通风凉爽。有比较好的耐寒能力，但冬天温度最好保持在5℃以上，但不要超过15℃。

浇水▶

喜湿润但又忌水涝，怕干旱。平时盆土表面一干就浇水，天气干燥时要经常给植株叶面喷水，最好把花盆放在装有石子和水的浅碟上。冬季等到盆土约2厘米深处干后才浇水。

施肥▶

春夏秋每半个月向盆土中施1次氮：磷：钾为1：1：1的复合肥，冬季停止施肥。

修剪▶

幼苗上盆后摘心1~2次，以促发分枝。春季换盆前，要先进行修剪，剪去枯枝、细弱枝、交叉重叠枝、下垂枝、徒长枝、病虫枝等，剩下的枝条可再剪去一半，甚至更多。西洋杜鹃在开花时，每个枝条的顶部一般都会着生数个花蕾，如果所有的花蕾都留下，会因为养分过于分散，开花的质量差，甚至有一些不易开花，此时需要疏去部分花蕾。开花后，则要把开谢的残花及时剪去。

繁殖▶

一般在春季用5~6厘米的枝梢或茎段扦插繁殖。

病虫害▶

主要有黑斑病、叶肿病（饼病）、根腐病、煤污病、红蜘蛛、蚜虫、蓟马、卷叶虫等。

换盆▶

每2年在春季开花后，把植株换到更大些的盆中。

花匠秘诀

夏季要力求通风凉爽。天气干燥时经常给植株叶面喷水。

莺歌凤梨

市场价位：★★★☆☆
光照指数：★★★☆☆
浇水指数：★★★☆☆
施肥指数：★★☆☆☆

莺歌凤梨又称丽穗凤梨，凤梨科多年生常绿附生性草本植物。叶宽带形，基部相互紧叠，形成一个能贮水的叶筒。花序上长有许多色泽鲜艳的苞片，有深红、红、黄、紫、橙等颜色，为主要观赏部位，观赏期可达3个月之久。

上盆

由于植株根系不多，用较小的花盆栽种就可以了。

光照

植株摆放位置需要光线明亮，如果每天要有三四小时不强的直射阳光更好，所以适于东面和北面阳台种植。

温度

喜温暖的环境，耐寒力差，冬天温度最好保持在8℃以上。

浇水

适宜用无土基质栽培。平时等到基质表面1厘米深处干后再浇水。中央的叶筒要经常灌满水，不要干掉。每月要把植株倒转过来，把叶筒中的积水倒掉，然后注入新鲜水。

施肥

在春、夏、秋季，每个月施用一次浓度为0.05%的复合肥溶液，复合肥的氮：磷：钾为1：1：2，肥液要施入基质及叶筒中。冬季不要施肥。

修剪

平时要注意剪去基部的老化枯黄叶。开花后则及时剪去残花茎，以促进吸芽的生长。

繁殖

植株开花以后就会慢慢死亡，而在死亡之前，植株会在基部产生若干个小植株，特称为吸芽。等吸芽长到8~15厘米高时，再将它们摘下或切下，无论有根还是无根，直接种在花盆里即可，但要过两三年才能开花。

病虫害

主要是心腐病，叶筒基部组织会变软腐烂，具臭味，其原因是基质排水不良或浇水过多。

换盆

2年后换盆，宜在春季进行。最大的花盆也只要直径约12厘米。种植时不要把基质压得太实，否则会阻碍根部生长。

花匠秘诀

叶筒内要经常保持有水，不要让水分完全干掉。天气干燥时，要经常向叶片喷水。

果子蔓凤梨

市场价位：★★★☆☆
光照指数：★★★☆☆
浇水指数：★★★☆☆
施肥指数：★★☆☆☆

果子蔓凤梨为凤梨科多年生常绿附生性草本植物，有许多种类品种。叶带状，基部相互紧叠，形成一个能贮水的叶筒。花茎上或茎顶着生许多色泽鲜艳的大型苞片，有深红、黄、白、紫、橙等颜色。

上盆▶

适宜用无土基质栽培。由于植株根系不多，用较小的花盆栽种就可以了。不可种植过深，否则容易造成心腐病。

光照▶

要求明亮的散射光，但不要让阳光直接照射，适于北面阳台种植。

温度▶

喜温暖，耐寒力差，冬季温度最好保持在8℃以上。

浇水▶

平时等基质表层约1厘米深处干后再浇水。叶筒应该经常盛满清水，不要干掉。1~2个月将叶筒中的水全部倒掉，再注入新鲜的水。

施肥▶

在生长期每两星期施1次浓度为0.05%的复合肥溶液，要浇灌根部及叶筒。冬季停止施肥。

修剪▶

平时要注意剪去基部的老化枯黄叶。开花后把几株不同颜色的品种拼在一个大花盆里，更加好看。

繁殖▶

植株死亡之前，会在基部产生若干吸芽。在春季，从母株切取已长至约8厘米长的吸芽，无论有根还是无根，都可直接栽在盆里。无根的吸芽大约要半年，根才差不多长好，而且要过两三年才能开花。

病虫害▶

主要有心腐病、根腐病、叶斑病、病毒病、介壳虫、红蜘蛛等。植株如果患上了心腐病，叶筒基部组织会变软腐烂，轻提叶片或叶筒就能把叶片或叶筒取出，不动时久后叶筒会倒下。基质排水不良或浇水过多，是引起心腐病以及根腐病最主要的原因。

换盆▶

如有需要，可在每年春季将植株换入到更大些的盆中。最大的花盆直径只需要约10厘米就可以了。

花|匠|秘|诀

叶筒内要经常保持有水，不要让水分完全干掉。天气干燥时，要经常向叶片喷水。

天竺葵

市场价位：★★★☆☆
光照指数：★★★★★
浇水指数：★★☆☆☆
施肥指数：★★☆☆☆

天竺葵又叫洋绣球、入腊红、石腊红、日烂红、洋葵，牻牛儿苗科多年生常绿草本植物。四季都能开花，以春季最盛。杂交品种很多，花有单瓣、半重瓣和重瓣之分，花色有白、粉、淡红、红、深红、橙、橙黄等。

上盆

宜使用含土基质。天竺葵用较小的花盆来种，开花会更好。

光照

喜阳光，每天至少有4小时阳光，生长和开花才能良好，但是忌夏季强烈阳光直射。适于南面和东面阳台种植。

温度

喜欢比较冷凉的天气，生长适温为15~20℃，夏季高温会停止生长。夏季力求通风凉爽，避免阳光直射。也不耐寒，冬季温度宜保持在5℃以上，在北方冬季温度也不要太高，让其在约10℃的温度下休眠越冬。

浇水

平时等盆土表面约1厘米深处干了再浇水，冬天休眠期等盆土快全部干了再浇水。在夏季高温的地方，夏季也要控制浇水。天竺葵不喜欢较高的空气湿度，在干燥的环境下生长才好。

施肥

春夏秋每个月施1次氮：磷：钾为1：1：1的复合肥，冬天休眠期停止施肥。在夏季高温的地方，夏季也要停止施肥。

修剪

幼苗上盆后要摘心，促发多分枝。枝条过密时疏掉一些细弱枝。在换盆前需要对老株重剪，让其重新萌发新枝。

繁殖

在春季或秋季，摘取约8厘米长的枝梢作插穗，插在由沙子与泥炭各半组成的基质中，放在阴处，其间不要浇水过多而使基质经常太湿，2~3周后可生根。

病虫害

主要有黑颈病、叶斑病、蚜虫等。黑颈病主要是由于基质太湿或空气湿度过高引起，在接触基质的茎处变黑，严重时整株枯死。

换盆

每年春季把植株换到更大些的花盆中，最大的花盆直径有13厘米就够了，此后就只换土，盆的大小不变。

花匠秘诀

天气干燥时不要向植株喷水。夏季力求通风凉爽，避免阳光直射。

倒挂金钟

市场价位：★★★☆☆
光照指数：★★★★☆
浇水指数：★★★☆☆
施肥指数：★★☆☆☆

倒挂金钟又叫吊钟海棠、吊钟花、宝莲灯，柳叶菜科半灌木或小灌木。花朵倒垂，萼筒状，像个小灯笼，花色有粉红、红、深红、白、紫、橙黄等。浆果。

上盆▶

宜使用含土基质，也很适宜用吊盆栽种悬吊观赏。倒挂金钟用较小的花盆来种，开花会更好。

光照▶

每天有数小时的不强阳光，植株生长和开花才能良好，夏季忌强烈的阳光暴晒。家庭里以种植在东面阳台为佳。

温度▶

喜欢冬暖夏凉的天气，生长适温为15~25℃。温度高于30℃时生长极为缓慢，超过35℃时大批枯萎死亡，因此夏季力求通风凉爽。冬天温度保持在5~10℃。

浇水▶

平时等盆土表面一干就浇水，秋季花期过后开始减少浇水次数，冬天休眠期等盆土快全部干了再浇水。

施肥▶

平时每半个月施1次氮：磷：钾为1：1：1的复合肥，冬天休眠期停止施肥。

修剪▶

幼苗上盆后，摘心1~2次，促发多分枝。平时注意剪去基部枯黄的叶子。花谢后要及时剪去残花和残花茎。在春季换盆前对植株进行短剪，剪去2/3的枝叶，让其重新萌发新枝。

夏季高温地区，也要重剪，只留骨干枝，并摘去部分老叶，然后尽量置于无阳光直射的凉爽处，其间也要控制浇水及停止施肥。秋季温度回降时就会重新发枝生长。

繁殖▶

在春季或秋季，摘取约8厘米长的枝梢作插穗，插在由沙子与泥炭各半组成的基质中，放在有遮阴的地方，3~4周后可生根。

病虫害▶

主要有根腐病、灰霉病、白粉病、蚜虫、粉虱、红蜘蛛、斜纹夜蛾等。

换盆▶

每年在早春把植株换到更大些的花盆中，最大的花盆直径约有13厘米就够了，此后只换土，盆的大小不变。

花匠秘诀

夏季力求通风凉爽，避免阳光直射，控制水肥。早春把植株重剪，然后更换新的培养土。

绣球花

市场价位：★★★☆☆
光照指数：★★★★☆
浇水指数：★★★★☆
施肥指数：★★★☆☆

绣球花又称木绣球、八仙花，虎耳草科落叶或半常绿矮生灌木。其观赏的所谓的“花”，实际上只是萼片而已，有4~5片，颜色有白色、粉红色、红色、紫色或蓝色。不结实。花色也会受土壤的酸碱度影响：开粉红或红色花的品种，如果种在酸性或中性的培养土里，就会开出蓝色或紫色的花；反之，开蓝色花的品种，如果种在碱性的培养土里，就会开出粉红或红色的花。

上盆▶

适宜使用含土基质。

光照▶

喜欢明亮的光，但是忌强烈阳光暴晒，以种植在东面阳台为佳，开花后可以放到室内光线明亮处摆设观赏。

温度▶

喜比较冷凉的天气，生长适温为15~25℃。忌高温多湿，夏季力求通风凉爽，华南地区平地越夏较不容易。冬天如果气候寒冷，植株会落叶休眠。冬季温度最好保持5~10℃。

浇水▶

喜湿润，也怕受涝。不可让盆土完全干掉，否则容易出现叶片脱落、芽体死亡、花朵凋萎等现象。平时等盆土表面干了就浇水，夏天必要时1天浇2次水，空气干燥时经常向叶片喷水。到冬季，盆土则以干燥些为好。

施肥▶

平时每半个月施1次氮：磷：钾为1：1：1的复合肥，冬天休眠期停止施肥。

修剪▶

幼苗上盆后，摘心2次，促发分枝。平时注意剪去基部枯黄的叶子。花谢后把枝条剪短。在春季换盆前对植株重剪，每枝只留3~4个节，让其重新萌发新枝。新枝过多时，疏去一些过密枝和弱枝。

繁殖▶

在春季，摘取约8厘米长的枝梢作插穗，去掉下部叶片，上部叶片也要剪去一半，插在由沙子与泥炭各半组成的基质中，放在有遮阴的地方，保持较高的空气湿度，容易生根。

病虫害▶

主要有叶斑病、蚜虫、红蜘蛛等。

换盆▶

每年春季把植株换到更大些的花盆中。

花|匠|秘|诀

平时不要让盆土完全干掉，空气干燥时经常向叶片喷水。夏季力求通风凉爽。

君子兰

市场价位：★★★☆☆
光照指数：★★★★☆
浇水指数：★★★★☆
施肥指数：★★★☆☆

君子兰又称大花君子兰、剑叶石蒜、大叶石蒜，石蒜科多年生常绿草本植物。叶面有明显的黄、白、浅绿、墨绿等色彩分布的品种，称为缟艺君子兰。一般植株有20~25片叶时才开花。花期冬春季。

上盆▶

适宜使用含土基质。用较小一些的花盆种植，君子兰开花会更好。由于君子兰不断生长的根系会使培养土不断往上升，因此上盆或者换盆时，培养土不要装得太满，约七成满即可。

光照▶

喜欢明亮的光，但是忌强烈阳光暴晒，适于东面和北面阳台种植。

温度▶

喜比较冷凉的天气，生长的最佳温度在18~22℃。忌高温多湿，特别在南方夏季置于通风凉爽的无直射光处，并且控制浇水和施肥，否则越夏不容易。冬天室温保持在5~10℃。

浇水▶

肉质根，具一定的耐旱性，不要浇水过频繁。平时等盆土表面约1厘米深处干了才浇水，冬天可等盆土快完全干掉才浇水。不要把水浇在叶片上，以防腐烂。

施肥▶

每半个月施1次氮：磷：钾为1：1：1的复合肥，冬天休眠期停止施肥。

修剪▶

平时注意剪去基部枯黄的叶子。因为果实也可供观赏，所以可不剪残花。待果实没有观赏价值后，把整个果枝从叶丛中拔去。

繁殖▶

通常在花果观赏期以后，用丛生的老株进行分株繁殖。分株时要小心，用利刀把单株从短缩茎上切离，并且不要损伤肉质根，然后按照上盆方法栽于直径10~15厘米的花盆里。

病虫害▶

主要有炭疽病、褐斑病、叶枯病、介壳虫、蛞蝓、蜗牛等。

换盆▶

每2~3年春季把植株换到比原盆直径大4~5厘米的花盆中，一直换到最大直径为25厘米的花盆即可。

花|匠|秘|诀

上盆或者换盆时，培养土不要装得太满。不要把盆株放在强烈阳光能够直射到的地方。夏季力求通风凉爽。

牡丹

市场价位：★★☆☆☆
光照指数：★★★★★
浇水指数：★★★☆☆
施肥指数：★★★☆☆

牡丹又叫富贵花、鹿韭、木芍药、洛阳花，毛茛科芍药属落叶小灌木。花单生枝顶。野生种多为单瓣5~6枚，经过栽培选育产生复瓣、重瓣乃至台阁花品种。花色有黄、白、红、粉、紫、绿、雪青及复色等。花期一般为4~5月。蓇葖果。

上盆

宜使用含土基质。

光照

喜日照充足的环境，适于南面阳台种植。但是因为花朵的观赏时间不长，因此在含蕾欲放时宜把盆株移到阴处摆放，以延长观赏时间。

温度

牡丹有“宜冷畏热、喜燥恶湿、喜阳忌热”的说法，生长适温18～25℃；耐寒力强，在-20℃以上可安全越冬。目前我国以黄河流域和江淮流域最适合栽培，因为不耐湿热，故在南方平地往往难以度夏。

浇水

牡丹肉质根系发达，具有较强的耐旱能力，忌水湿，水多易导致根腐。春、秋可以隔日浇1次水，夏季每天傍晚浇1次水，冬季盆土不干不浇。

施肥

除了冬季休眠期之外，其他季节每半个月施1次氮：磷：钾为1：1：1的复合肥。

修剪

根据盆的大小确定主枝数量，一般不宜多留，以留4枝左右的强枝为宜。修剪时，宜适当短截。在开花期，如主枝顶芽不是花蕾，而是叶芽，应该摘去。秋冬季落叶后，也要进行整形修剪。

繁殖

家庭里一般采用分株繁殖，多在寒露前后进行，暖地可稍迟，寒地宜略早。黄河流域多在9月下旬至10月下旬进行。选择4～5年生的植株，去泥土，置于阴凉处2～3天，待根变软后，顺自然走势从根颈处分开。

病虫害

主要有叶（褐）斑病、炭疽病、紫纹羽病、介壳虫、蚜虫、红蜘蛛等。

换盆

每2年换盆1次，换盆时间与分株繁殖的时间相同。换盆时让植株多带些旧土。

花匠秘诀

要把植株放在阳光充足的地方。平时要注意不能浇水太多。在含蕾欲放时宜把盆株移到阴处摆放，以延长观赏时间。

菊花

市场价位：★★☆☆☆
光照指数：★★★★★
浇水指数：★★★☆☆
施肥指数：★★★☆☆

菊花为菊科多年生宿根草本植物，品种极多。头状花序。花的大小、花形和花色极富变化，花色有红、黄、白、紫、绿、橙、粉红、暗红等以及复色、间色。大多数品种开花时间在秋季。

上盆

菊花适宜使用含土基质栽培。6月把扦插生根苗移植上盆。

很多人都只是在秋冬季购买开花株，待花谢后就扔掉。其实可以把盆株留下，在阳台上再种植。冬季植株通常只在土表处形成丛芽处于生长停滞状态，只要把上部枯萎的部分剪去，然后让其自然越冬。到了春季时，也不要换盆，只是作为取插穗的母株，取完插穗后就把母株扔掉。

光照

喜欢阳光充足的环境，光照不足时植株容易徒长，开花不良，因此适于南面阳台种植。

温度

喜欢较凉爽的环境，生长适温为18~25℃。耐寒能力比较强，冬季茎上部枯死，但在土表处形成丛芽，此时可忍耐0℃左右的低温。

浇水

生长期待盆土表面干了就可以浇水，天气干燥时可向叶面喷水。冬季待盆土一半干时再浇水。

施肥

每半个月向盆土中施1次氮：磷：钾为1：1：1的复合肥，冬季休眠期不需要施肥。

修剪

幼苗上盆后，需摘心2~3次，使植株矮化、花枝多、株形丰满。最后一次摘心不要超过8月上旬，到10~11月份植株就会开花。花开谢后，把残花剪去，植株有可能再开一些花。

繁殖

在春季温度回升时，越冬母株的休眠芽开始生长，形成枝条，到5月份把枝条顶端的枝梢摘下来，进行扦插繁殖。

病虫害

主要有褐斑病、黑斑病、白粉病、根腐病、蚜虫、红蜘蛛、潜叶蛾等。虫害较多，要定期防治。

花匠秘诀

要把盆株放在阳光充足的地方。幼苗必须摘心，才能使植株矮化、花枝多。

五彩凤梨

市场价位：★★★☆☆
光照指数：★★★☆☆
浇水指数：★★★☆☆
施肥指数：★★☆☆☆

五彩凤梨又叫五彩唇凤梨、艳凤梨，凤梨科多年生常绿附生性草本植物。叶片直接从茎上长出，基部相互紧叠，形成一个能贮水的叶筒。叶片有光泽，鲜绿色底色叶上带有铜色。多在春季开花，头状花序没有多大的观赏价值。叶片具有条纹色彩的品种，观赏价值更高。

上盆

可使用无土基质，用腐叶土、泥炭以及河沙等量混合而成，效果也很好。

光照

植株需要明亮的光照，如果能够接受适量不强的直射阳光更好，叶色会更鲜艳亮丽，株形更紧密，更容易开花。适于东面和北面阳台种植。

温度

五彩凤梨终年都在缓慢地生长。喜温暖，生长适温22~28℃，冬天最好保持温度在8℃以上。

浇水

平时当基质上部约1/3干后才浇水。叶筒内要经常注满水，不要干掉。每个月把植株倒过来，把水倒掉，重新加入新鲜的水。

施肥

五彩凤梨不喜肥，肥料过量则叶色不艳，可以施少量肥，也可不施肥。若要施肥，则在生长期每隔约3周施用1次浓度为0.05%的复合肥溶液。施肥时不但要施入基质内，还要灌入叶筒，如同时喷在叶上更好。

修剪

主要是剪去基部枯黄的叶片及残花茎。

繁殖

植株开花以后就会慢慢死亡，而在死亡之前，植株会在基部产生若干个小植株，特称为吸芽。春季是分离吸芽进行繁殖的最好季节。吸芽不论是否已有根，种入直径8厘米的塑料花盆中，盆内装有湿润的泥炭和沙等量混合成的基质。经6~8周可长好根系。

病虫害

主要有介壳虫、红蜘蛛、根腐病、叶斑病等。

换盆

在春季，把植株移种至大一号的花盆内。最大的花盆直径只需要13厘米。

花|匠|秘|诀

叶筒内要经常保持有水，不要让其干掉。

文竹

市场价位：★★☆☆☆
光照指数：★★★☆☆
浇水指数：★★★★☆
施肥指数：★★☆☆☆

文竹又称云片竹、云片松、云竹，百合科多年生蔓性亚灌木状常绿草本植物。茎光滑柔细，丛生。幼株的茎并不攀援，成熟后才长出攀援茎。叶退化成鳞片，主茎上的鳞片多呈刺状，淡褐色。腋内簇生绿色、线状而扁平的小枝，很像叶子，称为叶状枝。叶状枝纤细而簇生，呈三角形水平展开，羽毛或云片状；叶状枝每片有6~13枚小枝，小枝长3~6毫米。

上盆▶

最好使用含土基质。

光照▶

喜欢明亮的光线，忌强烈阳光直射，适于北面和东面阳台种植。

温度▶

喜温暖，生长适温为15~25℃。不耐寒，0℃以下会冻死，冬天温度应保持在5℃以上。

浇水▶

喜湿润，不耐旱。平时待盆土表面一干就浇水，空气干燥时经常向植株上面喷水。冬天温度低时只要保持盆土不完全干掉即可。不论什么时候，只要盆土完全干掉，叶状枝很容易脱落，因此避免盆土过干。

施肥▶

在春夏秋每个月施1次氮：磷：钾为（2~3）：1：2的复合肥，冬天温度低时停止施肥。

修剪▶

平时注意从基部剪去枯黄老化的茎枝，换盆时也对茎枝进行适当的疏剪。约3年生的文竹开始抽生攀援茎，应设立支架供其攀援。

繁殖▶

一般结合换盆进行分株繁殖，每一分株上要带多条枝茎。

病虫害▶

病虫害主要有枝枯病、根腐病、灰霉病、介壳虫、蚜虫、粉虱、红蜘蛛等。

换盆▶

每年春季换到更大些的花盆中，一直到不方便再换更大的盆为止。植株会越长越多，当不需要太大盆时就分株。

花匠秘诀

不要让阳光直接照射。空气湿度太低时，应当每天向叶面喷水多次。不要的攀援茎应从基部剪去。

发财树

市场价位：★★★☆☆
光照指数：★★★★☆
浇水指数：★★☆☆☆
施肥指数：★★☆☆☆

发财树又叫马拉巴栗、瓜栗、中美木棉，木棉科常绿乔木。茎的下部往往肥大，枝条多轮生。掌状复叶互生，小叶长椭圆形。花单生于叶腋，花朵大，淡黄色。盆栽很少开花。家养发财树多作桩景式盆栽，市场上也常见有几株编织在一起的盆栽。

上盆

使用含土基质。

光照

喜阳光，也耐半阴。各种阳台都适宜种植摆放。

温度

喜高温，生长适温20~30℃。耐寒力差，冬季温度要保持在6℃以上。

浇水

耐旱能力强，盆土长期潮湿，很容易引起烂根烂茎而死亡。平时可待盆土全部干时再浇水。喜欢较高的空气湿度，天气干燥时经常向叶面喷水。冬天温度低时，减少浇水次数，否则容易导致烂根。

施肥

在春夏秋季，每半个月施1次氮：磷：钾为（2~3）：1：2的复合肥，冬天温度低时停止施肥。

修剪

平时要注意剪去基部枯黄的叶子。对长得太高或者株形不好的植株，可在生长期予以短剪或短截，让其重新萌发侧枝。

繁殖

一般在春夏季用扦插进行繁殖，剪取10~15厘米长的枝顶或茎段作插穗，但是以后植株的基部不会膨大。如果能获得种子，播种很容易成功，且苗株基部膨大。播种苗可进行人工编辫，可编成三辫和五辫造型，颇有特色。

病虫害

病虫害主要有根腐病、茎腐病、叶枯病、红蜘蛛、介壳虫等。

换盆

每年春季换到更大些的花盆中，一直换到不适合再换盆为止，此后就只更换表土。

花匠秘诀

平时不可浇水太多，但天气干燥时则要向叶面喷水。每年春季要换1次盆。

四季橘

市场价位：★★★☆☆
光照指数：★★★★★
浇水指数：★★★☆☆
施肥指数：★★★☆☆

四季橘又叫季橘，芸香科常绿灌木或小乔木。树冠圆头形或卵圆形。四季能开花，故名四季橘，但以春至夏季为盛。小花单朵或2~3朵顶生或腋生，白色，芳香。柑果，成熟时橙色或浓橙色。果实扁圆形，果面上的油胞密。果味强酸，不堪生食。

上盆▶

应使用含土基质，按一般的方法上盆。

光照▶

喜欢阳光充足的环境，耐阴性差，适宜在南面阳台种植摆放。

温度▶

喜温暖，不耐低温，越冬温度应在0~12.5℃，一般在5℃下较为安全。

浇水▶

在生长期间，每次可等到盆土表面约3厘米深处干时才浇水，因此在一般情况下每天需浇1次水。在天气干燥期间，每天向植株叶面喷水。在冬季植株进入休眠期间，则要大大减少浇水次数，只要保持盆土不完全干掉即可。

施肥▶

每半个月施1次氮：磷：钾为1：1：1的复合肥，冬季不需要施肥。

修剪▶

每年春季结合换盆修剪整枝1次，剪去枯枝、细弱枝、过密重叠枝等，其余枝条再适当短剪，剪去1/3，整个植株剪成圆锥形。对过于庞大的植株可剪去更长一些。在结果以后，注意对果枝立柱支撑。结果之后还会有新的枝梢发生，可把其剪去。

繁殖▶

一般用嫁接繁殖，家庭不宜采用。通常在春节直接购买小结果株，再继续栽培。

病虫害▶

主要有炭疽病、黄斑病、枝枯病、果实溃疡病、凤蝶幼虫、介壳虫、蚜虫、红蜘蛛、潜叶蛾等。

换盆▶

每年春季把植株换到更大些的花盆中。

花匠秘诀

把植株放在阳光充足的位置，开花和结果才会良好。每年春季要修剪整枝，然后换盆。